气候环境与住宅设计

CRAN住宅设计作品精选

AIA
美国建筑师协会
定制住宅建筑师网络（CRAN）

气候环境与住宅设计
CRAN住宅设计作品精选

美国建筑师协会 编著
季慧 周莹 译

广西师范大学出版社
·桂林·

images
Publishing

图书在版编目（CIP）数据

气候环境与住宅设计：CRAN住宅设计作品精选/美国建筑师协会 编著；季慧，周莹 译. —桂林：广西师范大学出版社，2014.7
ISBN 978 - 7 - 5495 - 5526 - 0

Ⅰ. ①气… Ⅱ. ①美… ②季… ③周… Ⅲ. ①住宅－建筑设计－作品集－世界－现代 Ⅳ. ①TU241

中国版本图书馆 CIP 数据核字（2014）第 124319 号

出 品 人：刘广汉
责任编辑：肖 莉
装帧设计：瑞安·马歇尔
广西师范大学出版社出版发行

（广西桂林市中华路22号　邮政编码：541001）
（网址：http://www.bbtpress.com）
出版人：何林夏
全国新华书店经销
销售热线：021 - 31260822 - 882/883
恒美印务（广州）有限公司印刷
（广州市南沙区环市大道南路334号　邮政编码：511458）
开本：597mm×1 016mm　1/8
印张：29　　　　字数：45 千字
2014 年 7 月第 1 版　2014 年 7 月第 1 次印刷
定价：238.00 元
—————————————————————————
如发现印装质量问题，影响阅读，请与印刷单位联系调换。

目录

6 前言 艾维·弗里德曼

7 简介

极地/寒带气候

10 明尼苏达州明尼唐卡镇，湖畔板式结构别墅

14 华盛顿州奇兰郡温纳奇湖，北温纳奇湖畔别墅

20 科罗拉多州皮特金郡阿斯彭市，莱特路宅邸

温带气候

26 罗德岛州，历史建筑海角别馆的修复及补充

32 明尼苏达州黑斯廷斯市，把大自然搬回家

38 罗德岛州布鲁克岛，布鲁克岛公馆

44 西弗吉尼亚州格拉德斯镇，巴克·希尔宅邸

48 华盛顿州西雅图市，国会山公馆

54 伊利诺伊州芝加哥市郊区，工艺美术之家

60 加利福尼亚州洛杉矶市，克里斯特伍德山公馆

66 密苏里州圣路易斯市，D&MF宅邸

72 加利福尼亚州旧金山市，钻石宅邸

78 伊利诺伊州芝加哥市，柳条公园历史建筑补充项目

82 马萨诸塞州科德角，海湾小筑

88 纽约州哈德逊山谷，哈德逊山谷乡间别墅

94 加利福尼亚州马林郡史汀森海岸，内¦外

100 马萨诸塞州法尔茅斯港，国王之荫公馆

106 华盛顿州湖林公园，湖林公园改造项目

112 华盛顿州国王郡美色岛，湖畔庄园

118 马萨诸塞州维斯特伍德镇，枫木丘别墅

124 田纳西州诺里斯镇，新诺里斯小筑

130 南卡罗来纳州日落镇，泡泡岬别墅

136 德克萨斯州雅典城，乌鸦湖农场庄园

142 马萨诸塞州新西伯里区，海滨别墅改造工程

148 康涅狄格州老格林威治区，螺旋宅邸

154 纽约州纽约市，西区连体别墅

热带/亚热带气候

162 百慕大德文郡教区阿里尔金沙，阿里尔金沙别墅群

168 南加利福尼亚州博福特郡，现代"两屋一廊"

174 新加坡，格兰芝路2号公馆

180 佛罗里达州海滨镇，海滨宅邸

186 密西西比州杰克逊市，橡树岭公馆

干旱/半干旱气候

194 新墨西哥州圣达菲市，17世纪城市之光

200 迪拜，古赖尔公馆

206 墨西哥巴哈潘塔·克萝拉达，伽洛洛·鲁尔度假屋

212 新墨西哥州圣达菲市，蒙特·塞伦诺公馆

216 亚利桑那州斯科茨戴尔市，残岩小筑

222 合约之美

224 你和你的建筑师

230 定制住宅建筑师网络（CRAN）

231 图片版权

232 建筑事务所索引

前言

艾维·弗里德曼

在人类发展的历史长河中，人们在建造住宅时都会充分考虑当地的气候条件。居住者会从最直接的环境中获取资源来满足自己基本的生活需求。他们从溪流中取水，自己耕种食物，用木材取暖，建造栖身之所。房屋建造者在设计和施工过程中会直觉地采用适合当地环境的策略。风向、日照轨迹和朝向都是建造者思维过程的一部分，它们根植于代代相传的知识和经验。这些衡量手段将会影响到住宅的设计者和居住者体会到的舒适程度。

工业革命改变了这一切。当人们为了一份工作而舍弃农田，城市开始迅速膨胀时，必然导致了建筑手段的变化。住宅施工建设成为了大公司的职责所在，这些公司施工建设的核心理念是效率。为了加速生产，就必须抛弃传统的原则。建筑中的地域性考量便是这种转换的牺牲品。在一个施工系统和组织结构中，一切都必须能够满足所有居住者的日常生活需求——食物、下水道设施或能源供给。渐渐地，住宅开始同诸如电力系统、

自来水供给和排水系统等公共设施联系在了一起。也许这种依赖最大的表现形式便是二战后郊区地带的发展。由于位置远离市中心，这些建筑在小块地皮上的独栋住宅在施工过程中和入住后都要消耗很多宝贵的资源。这些住宅在设计过程中没有考虑朝向、自然因素以及建筑地点的环境条件。此外，最终选择的设计方案和施工模式也与适合该地区的建筑范式毫无关联。这种社区的存在和性能发挥都需要依靠外部资源。

住宅设计需要超越其形式本身，同时对地域以及社会问题的影响作出回应。对高品质独栋住宅的赞美，也是一种表达住宅建筑师向大众宣告其设计价值主张的形式。自然现象和社会现象都在迫使人类重新思考一个问题：住宅设计与开发要如何进行？人们开始反省那些一度被边缘化了的问题，也开始让这些问题成为全球关注的重点。建筑师们已经开始寻求我们目前居住方式的备选答案，同时也迫使人们不得不重新回顾过去的建筑策略。

使建筑在设计上与气候和地理环境相呼应，这是有可能做到的。我相信我们真的能够设计出减少建筑对外部系统和资源的依赖的住宅，并采取常规、传统的建筑手段。这也许有些理想主义，但是我们确实可以设计并建造对常规方式的依赖有实质性减少的新住宅。

本书中所列举出来的这些出色的住宅设计充分说明，建筑师和施工者在设计中可以成功地考量并适应当地的气候条件和自然因素。这些地域性的建筑手段还包括对当地材料的使用，这也正逐渐成为一个流行语，势必在今后的岁月中为我们所建造的环境的外观和功能带来改变。

简介

什么样的住宅可以称得上优秀？这个问题的答案与人类的个性一样独特。从最基本的层面来讲，住宅就是栖身之所。在气候环境和可获得资源的共同作用下，个体的基本需求得到满足。在全世界的每个角落都可以找到具有当地特色的极好的例证。在这些例证中可以看出，对气候环境的明确回应是住宅形式最主要的决定性因素。当住宅满足了人们最基本的安身需求之后，开始受到文化与社会的影响，并因此而成形。于是关于建筑的设计、建造和传统工艺随着时间的流逝得以传承，终于形成了地域性的风格特色。最终，从最精细的程度来讲，居住在房屋中的人从功能性和装饰性两个方向来打造住宅，以表达他对这个称之为"家"的地方的偏好。

17世纪的罗马建筑师、作家、工程师维特鲁威在他的《建筑十书》中写道，建筑必须展现三种品质：坚固，实用，美观。对于建筑师来说，这三种品质可以转化成"坚固性、商品性和娱人性"，这三个指导原则至今在建筑设计中仍然适用。坚固性，意味着建筑结构要合理而巧妙，同时要使用高品质材料；商品性，说明建筑功能要在适当的成本范围内满足需求；娱人性，则说明这件三维艺术作品要能启发心灵，为每天的生活带来快乐。

所有的建筑师都渴求能够设计出优秀的住宅建筑；这也许是因为大家都知道，住宅就是我们打造生活的基础。住宅是很多个部分的总和，而建筑师的工作就是将这些部分精心地配置在一起。优秀的设计方案会在气候、环境、历史同建筑的技术及业主的价值观之间找到平衡。

本书选取的住宅按照气候带分组：干旱/半干旱气候，温带气候，热带/亚热带气候及极地/寒带气候。随着我们生活的地球越来越拥挤，在设计住宅时，对资源和能源的敏感性是建筑师作出决定的首要因素。这些位于不同气候带的住宅在设计中都充分考虑到其与气候环境的融合，同时受不同地域文化、材料以及工艺劳动力相互结合的影响，产生了不同的设计方案。

人类的资源和时间是有限的，但可能性却是无穷尽的。当你全身心投入到打造自己的住宅时，让你所处的环境、历史和你的性格上的特色，以精心独到的方式呈现在环绕四周的墙壁上、透射阳光的窗子上，还有为你的思想和梦想挡风遮雨的屋顶上。这样，我们共同打造的住宅建筑就是持续的，也是可持续的。

极地/寒带气候

持续的严寒与干旱为该地区的主要气候特征，通常年温度范围波动不大。在冬季可能会出现24小时极夜现象，气温低、变化不大，且天气晴朗。在夏季则日照时间较长，甚至出现极昼情况，偶有阴、雾及雨雪天气。这些地区的建筑设计需要考虑到房屋的雪荷载和抵御强风侵袭的能力。

明尼唐卡镇，明尼苏达州

这栋建筑最具特色的地方在于，其主要生活空间与室外相接的部分是两个相对的面：南侧是一泓湖水，北侧则是古雅的溪流。在原来没有好好利用这处独特环境的住宅被拆掉之前，房屋主人曾经在这里居住过，为了在温暖的傍晚时分俯瞰静谧清澈的溪流，房屋主人不得不在车库顶上摆上草坪躺椅。为了满足对两侧景观的需求，住宅在重建的过程中，必须加深主楼层客厅的空间，这样才能将两个方向的景观都收入眼底。

为了减小住宅的规模，二层的卧室和书房使用了屋顶的空间，产生了"一层半"的视觉效果。在两个朝向的门廊和阳台分别装有顶盖，为居住者提供了一种室内与室外逐渐交融的体验。从设计和屋顶的形式来看，板式结构非常适合做曲线和弧线设计，而且湖边也已经有了先例，同时在其他类似的湖畔别墅上也可以证实这一点。

住宅的客厅和餐厅面向湖水，但也能通过厨房获得另一个方向的采光和景色。同样厨房反过来也能通过环绕着客厅和餐厅的巨大玻璃窗获得采光和景色。由于位置的关系，主楼层中客房由一道弯曲的东墙构成，墙壁一直延伸到一间被称为"华灯客房"的屋子。将客房从这一侧后移的设计可以使厨房获得最佳的溪流景观，而且也是吸引客人去前门的一种友好的示意。

厨房旁边带顶盖的门廊每天都能捕获清晨的第一缕阳光，而且也是避暑的好去处。南侧门廊设有带顶棚的座位区，再往下走便是一处青石建造的露天平台，被遮盖在一棵大橡树的树荫之下。这里可以作为临时的室外餐厅和娱乐区使用，现在已经成为了房屋主人最喜欢的空间。

为了避免车库大门在住宅入口处太过引人注目，而且也为了打造更加宜人的入口环境，能够容纳三辆汽车的车库被安置在客房一侧的楼下，汽车从侧面出入，以防止车库的巨大空间遮挡住溪流景观。

住宅的机械系统采用了地热能作为主要供热和制冷能源。可渗透的路面系统是为了应对冲积平原和偶发的高水位情况所做的措施。整栋住宅都使用了喷雾泡沫隔热材料，因为住宅所处的环境季节性温差最高能达到100°F（40°C）。杉木瓦片屋顶和外墙，再加上铜皮防水材料以及透气的泄水面结构，确保了建筑表面的持久性和耐用性。包木窗户上安装了抗紫外线隔热玻璃，比标准的隔热玻璃能减少更多的热量吸收。建筑墙脚和烟囱都选用了青石材料，一方面为了耐用，另一方面也是为了美观。青石材料的使用让整栋房屋看上去像根植在土地中一般，而且也降低了建筑在视觉效果上的规模。

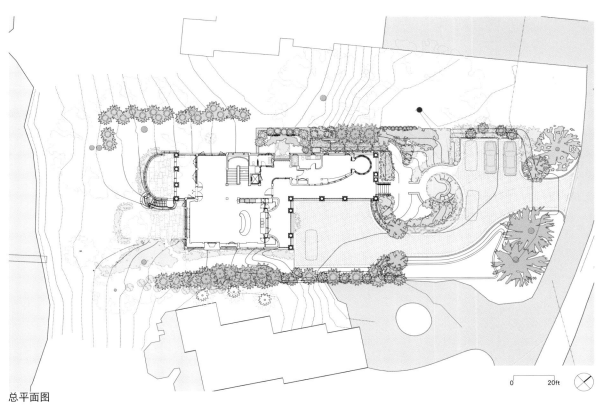

总平面图

0   20ft

森林建筑工作室
北温纳奇湖畔别墅

温纳奇湖，奇兰郡，华盛顿州

质朴。现代。舒适。精致。这栋山间别墅以其轻松自然的品质成为了两个世界的桥梁。别墅建在温纳奇湖北岸的一片山坡上，像是几处散落在小路上的小站，一直延伸到水边。住宅的精华部分被分成两个简单的单坡屋顶建筑体。较高的部分包括卧室和浴室；较低的部分则像一座玻璃亭，被划分为厨房、客厅、餐厅和纱窗凉台。每个房间都能获得温纳奇湖和群山环绕的新奇罕见的美景。这栋住宅地处山区，但却体现了现代设计对住宅的诠释。这栋四季皆宜的住宅是为两个人的舒适生活而设计的，但也能调整成适应多人居住的空间——住宅中设有嵌在角落里的床铺、卧廊和一张大床，在有铰链的书架后还隐藏着一个影视间。在建造过程中，整栋住宅都使用了耐用材料，在减少维护费用的同时，还与环境产生了和谐共鸣。

温纳奇湖坐落在斯蒂文山隘下方喀斯喀特山脉的东侧山坡上，海拔580米（1,900英尺）。该地的寒冷气候在太平洋山脊的高山气候和哥伦比亚高原的半干旱草原气候之间转换，温度和湿度与哥伦比亚草原相仿。即便如此，温纳奇湖接近喀斯喀特山脉的最高峰，年平均降雪量超过了4.1米（160英尺）。

这片土地位于温纳奇湖的北岸，朝向南方的湖景和山景视野既开阔又清晰。住宅坐落在岸边树木的后方，树木在夏日可以为房屋遮阳、阻隔从湖边的视野，同时还构建了喀斯喀特山脉的壮美景色。每栋建筑体都采用了单坡屋顶设计，使积雪不至于堆积在朝南的窗户以及北侧通往入口的通道上。所以住宅的窗户完全不会被冬雪遮盖，还能保证阳光照进树墙遮挡下的房屋内部。

住宅在工程设计上采用了胶合木顶梁和柱子结构，以便支撑大量的积雪负载。辐射供热系统使住宅在冬季能保持室内的舒适，而在炎炎夏日中，室内温度则主要通过自然通风、巨大的屋檐和对建筑地点的精心选择来控制。设计师还使用了杉木、纤维水泥和金属侧墙来减少住宅的维护费用，尤其在冬雪的堆积问题上给予了特别的注意。

住宅内部的色彩以该地景观的颜色和纹理为基调。产自本地的道格拉斯冷杉木和西部红杉木带有一种天然的温暖，为这栋温纳奇湖畔别墅添加了干净的线条和朴素的质感。

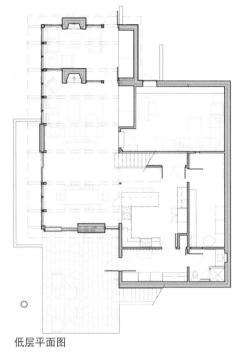

低层平面图

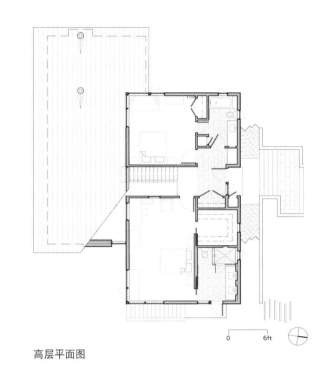

0　　　6ft

高层平面图

温纳奇湖，奇兰郡，华盛顿州　　17

查尔斯·坎尼夫建筑事务所
莱特路宅邸

阿斯彭市，皮特金郡，科罗拉多州

这片土地坐落在陡峭的山腰，正处视野狭窄的走廊地带，其坡度、过剩水和大量长成的树木都给建筑设计增添了难度。房屋主人要求设计团队能够打开住宅视野，呈现山腰的水景，同时还要使用被动太阳能和通风系统，设计一栋能够经受得住酷暑和严冬考验的住宅。

从美学角度来看，主人希望住宅拥有开放、流动的主楼层，色彩基调要温暖而富有现代感。室内设计要简洁怡人，同时又不会显得过于丰富。在设计的过程中，房屋主人组建了家庭，因此住宅设计的重点又从"绅士的休闲寓所"转换成了家庭式寓所。建筑师团队在保留了原设计的精致感觉基础上对设计进行了改动。

为了获得最大的建筑基本框架，一般来说，建筑师会将住宅设计成紧靠山体的形式，这样便只能获得一个方向的景观。与之相反的是，坎尼夫建筑团队采用了将房屋脱离山体的设计，挖开山腰部分，大大增加了一年四季都可以欣赏到瀑布景观的魅力。住宅被安置在树林之中，可获得360°全方位视野和采光。交错的屋顶轮廓线可以帮助建筑获得更好的视野。住宅建筑材料以天然材质为基础，同周围的自然环境和谐交融。建筑表面采用了内华达石英岩、坎布拉硬木和混凝土板，一部分外墙建材甚至延伸到了室内，模糊了室内与室外之间的线条。

安装了铁杉拱腹的巨大挑檐为住宅提供保护和遮阴，而不同材料的组合使用更使得房屋稳稳地坐落在这片崎岖的土地之上。设计中采用了延伸至

天花板的落地窗、吊门和滑门，使住宅对户外空间完全开放。可控天窗既可以获得自然采光，又能防止山里的动物从通风孔进入室内——这是落基山脉所特有的一种情况。

建筑外部结构采用了最好的隔热材料和格拉比尔门窗，为房屋提供了强有力的保护屏障，以减小气候因素对房屋的影响。住宅内还安装了莎凡特智能家居系统，房主可以远距离控制窗户、窗帘、室内气温和安全系统。

打开巨大的玻璃枢轴门，就可以看见一道胡桃木和钢铁材质的定制悬浮楼梯，向上延伸至三楼。客厅里石材与混凝土材质的壁炉是整栋住宅的中心。通往户外平台的厨房与客厅并列，其中设有一张超大的三种阶梯色度的操作台，厨房旁边则是食物储藏间和酒柜。

主套房隐藏在一扇核桃木板门后，门外是一道走廊，内设花岗岩壁炉、宽敞的换衣间和私人阳台。玻璃淋浴间位于主浴室正中，而坐在悬浮式的浴缸里就可以看到窗外的美景。主、客卧房位于车库上方，其他三套客房则和家庭游戏室一起安置在楼下，面对一座有出口的庭院。家庭办公室/工作室空间位于入口门廊上方的塔楼，可以提供360°全方位景观，还有一座露台。光伏电板和莎凡特智能家居系统将设计的可持续属性与为现代化智能住宅配备的先进科技完美地融合在一起。

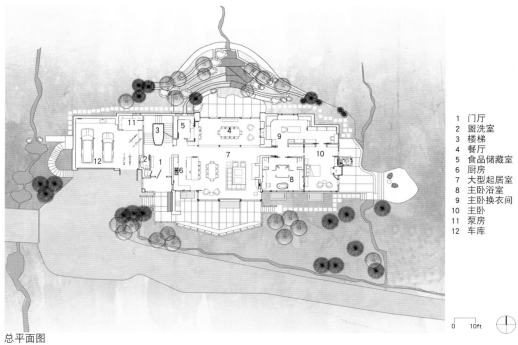

1 门厅
2 盥洗室
3 楼梯
4 餐厅
5 食品储藏室
6 厨房
7 大型起居室
8 主卧浴室
9 主卧换衣间
10 主卧
11 泵房
12 车库

总平面图

0   10ft

阿斯彭市，皮特金郡，科罗拉多州　　**23**

温带气候

温带气候的特点比较中庸，既不像热带/亚热带气候那么炎热，又比干旱/寒带地区的气候温暖湿润一些。温带地区四季分明，因此需要建筑既能够适应冬季户外的寒冷和积雪（非持续性降雪），也能够隔绝夏季的高温和潮湿。

罗德岛州

二十年前，这片土地的主人爱上了罗德岛的海岸和这块28公顷（70英亩）的海滨牧场，于是在连续租用了几个夏天之后，将整块地买了下来。整片牧场被随处可见的石墙和光影斑驳的树林分成了数块采集区和绿地，充满了安静祥和的田园气息。牧场三面环水：东西两边是淡水池塘，南部则是大西洋海岸。牧场中心地带的山坡则被海角别馆和一系列十八、十九世纪的功利主义风格建筑所占据。

事务所的建筑师与主人家有过长期的愉快合作，他们通过多方位的修理、复原，以及建造与原有建筑和风景融合得浑然一体的补充建筑，使主人家为后代建造一个复合型家园的梦想成为现实。在建筑师与景观设计师、建筑保护师的密切合作下，对这处历史建筑的修复和补充代表着对牧场协作干预的第三阶段，使牧场显示出了丰富的多样性以及同新英格兰乡村建筑风格的细微差别。进行修复工作的建筑师是隆巴德·约翰·波齐。

海角别馆原有的杂乱增置和管道装置被完全剥除，回归了原本的山形结构，并恢复了起居室、卧室和壁炉房的使用。补充的建筑有两个作用——一是由于添加了厨房和浴室，使得海角别馆可以作为客房使用；二是在附近的畜棚有活动的时候，可以提供厨房。

从外观看，补充建筑要小于原建筑，但却显示了对海角别馆的细节及简单几何比例的敬意。补充建筑的内部设计与别馆形成了对比。海角别馆的房间屋顶很低，而补充建筑则完全展示了它高大的山形结构，其内部樱桃木铺设的独立空间有如一件精美细致的家具，被划分成浴室、储藏间和厨房。别馆中的木质装饰采用了浓重的充满历史感的色调，而补充建筑中则采用了脆嫩的白色。

新旧两幢建筑由一道5米（16英尺）长的玻璃走廊连接。补充建筑中使用了大量的玻璃结构，与别馆饱经风霜的杉木瓦和多格木窗形成了鲜明的区分。补充建筑和走廊的透明设计构建了别馆及田园景色的多幅画面：秣草地，布满青苔的筒仓，淡水和半咸水池塘，还有美丽的大西洋。海角别馆、补充建筑和毗连的石墙畜棚共同营造了舒适相称的户外空间，同时也模糊了室内与室外的界线。

新浇铸的混凝土饮水槽处于玻璃走廊的东西轴线上，将走廊沿中心线一分为二。饮水槽的位置是早期构建阶段中设定的南北轴与东西轴的交叉点，将构成这幅动人的田园美景的新旧元素精心地交织在一起。

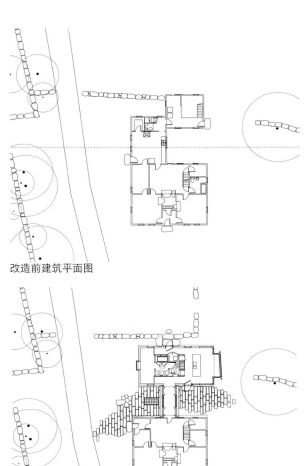

改造前建筑平面图

改造后建筑平面图

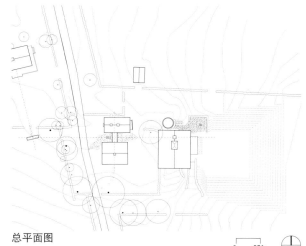

总平面图

0   25ft

查尔斯·R·史汀森建筑+设计事务所
把大自然搬回家

黑斯廷斯市，明尼苏达州

这是一片郁郁葱葱、与世隔绝的土地，缓缓向下通往圣克洛伊河森林，为其主人所深爱。在这样的自然环境中，如在家中一般轻松自在，主人甚至为此而修建了美丽的池塘。但原有建筑并没有充分利用周边引人入胜的美景，房主想要一栋更加开放、采光更加充足的住宅。房主一家多年来一直在关注查尔斯·R·史汀森事务所，还在几次家庭旅行中参观了他们的作品。史汀森和其团队为该地开发了相应的设计方案，坐落在池塘上方的新住宅拔地而起，原址上的小屋被一间森林上的艺术工作室所代替。这部设计作品光照充足，形成了无缝的室内外空间流，就像一曲永恒的乐章，与周边的自然环境融为和谐的一体。

该项目正恰如其分地说明了两个问题：建筑师能够引导房屋主人成为大自然的管家，而建筑也能完全融合环境的特色，同大自然建立起亲密的关系。

这套先进的住宅以其地热机械系统、绿化屋顶艺术工作室和高性能勒文三层玻璃窗为主要特色。建筑内外均使用了极耐用的材料，如覆膜铝板、灰泥涂料以及可以用来遮光的铜质挑檐。住宅在设计中贯穿了大量的采光技术，可调节玻璃窗则促进了室内空气对流，从而将白天的耗电量降至最低。意大利瓦酷奇内厨房采用全天然装饰，很好地诠释了高度可持续、可回收的设计理念。

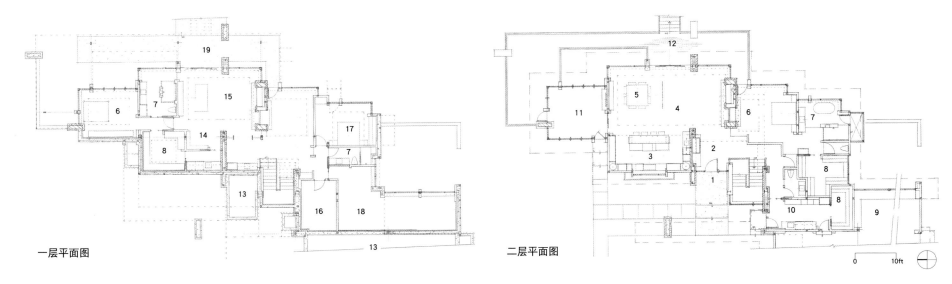

一层平面图

二层平面图

0   10ft

1　入口
2　门厅
3　厨房
4　大客厅
5　餐厅
6　套间
7　浴室
8　衣帽间
9　工作室
10　洗衣间
11　四季门廊
12　露台
13　紧固系统
14　阅览室
15　办公室
16　机械仓库
17　客房
18　健身室
19　阳台

布鲁克岛，罗德岛州

由于受到保护行为的限制，房屋的居住面积不能超过230平方米（2,500平方英尺），但房屋主人还是希望能够最大限度地利用空间、景观和光线。而且因为布鲁克岛海峡的主要景观位于北部，在一定程度上增加了设计的难度。将东西方向作为住宅长轴，可以获得最多的景观效果，而将住宅的一部分埋在斜坡之下，又能够得到一些必要的储藏空间（不考虑用作生活空间）。低层的三间卧室楼上被打造成巨大的露天平台，既可以用来欣赏美景，又可以晒太阳，基本解决了露台下面采光不好的烦恼。第四间卧室安置在住宅门口，第五间主卧则设在顶层独特的观景楼上。

住宅建造在布鲁克岛上仅存的几块大面积高地上。建筑师尽其所能维持了现有景观的独特品质，例如果园、牧场、草地和石墙。除了埋在地下的储藏空间，整个地形几乎没有任何变动。布鲁克岛上每年自然环境严苛的时间较长，只有夏季的几个月才会气候宜人，而生活空间中的主要房间都集中在露台前，并设有折叠拉门，将室内

和室外紧密连接在一起——无论是从字面上看还是从象征意义上理解。厨房的折叠窗将厨房与外岛巧妙分隔开来，同时又建立了一种厨房与露台的独特"情缘"。住宅设计中贯穿着对传统形式的应用，例如建筑的坡顶外观和一座与当地灯塔遥相呼应的塔楼。设计中还包括一座与住宅外观相对应的小谷仓，可以作为工作室或是年纪大一些的孩子及客人玩耍娱乐的地方。

布鲁克岛上年月比较久远的房屋通常都受到了非常严格的控制，因为这些房屋是该岛农业和渔业历史发展的见证。岛上的天气和气候变化无常，因此建筑材料必须适应这样的特点。杉木墙面板、内部装修材料以及金属屋顶和不锈钢围栏都非常符合岛上的自然环境和传统要求，而且几乎不需要任何维护。建筑师同时还使用了装有隔热玻璃的复合窗和高隔热墙壁及屋顶。大型木制衍架和环绕着住宅的装饰楼梯，更为整套别墅增添了乡村气息。

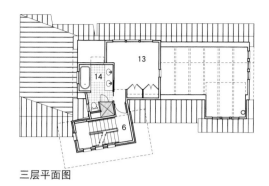

三层平面图

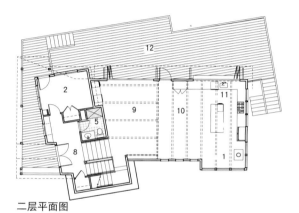

二层平面图

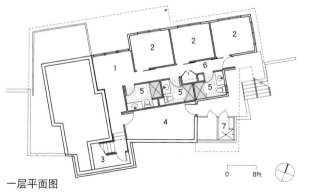

一层平面图

0   8ft

1	客厅	8	入口
2	卧室	9	起居室
3	储藏室	10	餐厅
4	地下室/机械仓库	11	厨房
5	浴室	12	露台
6	走廊	13	主卧
7	室外淋浴	14	主卧浴室

乔伊·D.斯沃娄，美国建筑师协会
巴克·希尔宅邸

格拉德斯镇，西弗吉尼亚州

巴克·希尔宅邸位于西弗吉尼亚州阿巴拉契亚山脉蓝岭地区，距离华盛顿特区约两小时车程。这块土地坐落在一处乡村的山头，占地面积1.6公顷，其周围地势海拔较低，形成了陡峭的坡度。土地被郁郁葱葱的橡树林所环绕，一幅180°不间断的西弗吉尼亚山脉全景正展现在它的西南方向。

宅邸是为一位艺术家兼艺术史学家设计的。这位艺术家在将近二十年中拥有着两种截然不同的专业生涯。建筑面积230平方米（2,500平方英尺）的住宅很好地体现了原建筑的特点，将房主丰富多样的图书和艺术藏品很好地融合在一起。住宅将作为退休后的养老寓所，因此需要充分体现通用设计标准。房主夫妇拥有大量的藏书和艺术藏品，这同样需要在设计中给予特别的注意。两侧安装了书架的线型走廊被设计成藏书室，可用于摆放主人的图书和艺术藏品。光线监测装置加强了线型走廊的空间长度感，使得自然光能够进入住宅的中心。

住宅主人希望能够与外界建立视觉连接，以平衡室内狭长走廊带来的像在画框里观赏印刷品收藏的视觉效果。住宅横轴将中心走廊一分为二，形成了自然与艺术的和谐交织。住宅总体外形由两个前后交错的长方体构成，中间由线型走廊藏书室相连。住宅的公共空间——客厅、餐厅以及厨房——面朝西南方向的自然景观和室外阳台。这部分公共空间很有几分阁楼的味道，其中的元素将整个空间划分为不同功能区块的同时，又使大空间保持了非常好的完整性。

餐厅区域的天花板做了悬浮设计，营造出亲密的用餐氛围。天花板和附墙上绘有生动的图案，加强了与两侧较大的拱形空间的对比。壁炉则充当了大型雕塑的角色，将客厅和餐厅区隔开来。位于东南方向的主套房完全独立，只供私人使用。房主夫妇经常招待很多客人，所以要求建筑师将主套房和客房分开。通向客厅的卧室面积较大，可代替办公空间和客房。对于较大型的活动，可以将卧室的两扇门打开，以获得更大的公共空间。

对于该设计项目的开发来说，大规模生产技术、标准化成品材料、简洁的形式以及室内与室外的融合，这一切都非常的重要。使用标准化成品材料使得装修预算得到了很好的控制。建筑外墙墙面由4×8混凝土板拼成，板块之间以裸露在外的金属槽成品隔开。4×8规格的板块能够将浪费降至最低，并简化施工过程。住宅外墙的颜色衍生于该地的地质特色，因为房主希望能够在自然环境中模糊建筑本身的存在，让建筑成为这片土地的一部分。住宅屋顶覆盖了一层黑色立接缝金属。

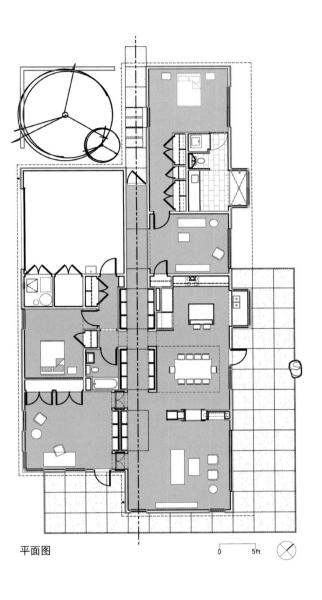

平面图   0   5ft

平衡联合公司，建筑师事务所
国会山公馆

西雅图市，华盛顿州

国会山公馆坐落于一道山脊之上，周围的湖光山色可尽收眼底。建筑共有三层，面积不超过265平方米（2,865平方英尺），是一栋密集型的家庭式住宅。该建筑在设计上采用了很多可持续系统，如高级别隔热处理、低辐射玻璃、全日光照明以及环保材料等。除了这些可持续建筑的标准要求之外，还增添了雨水收集装置、太阳能电池板、遮阳的机械百叶窗和地热井。

建筑师与由地热工程师、土木工程师、建筑工程师、太阳能设计师和景观设计师构成的团队密切合作，旨在设计一栋在环境上可持续使用，又能充分体现高新技术的建筑。集成化系统可以在冬天为房屋供暖，在夏天为室内降温，终年维持室内空气质量，保证自然光可以照射到室内各个空间，储存雨水，同时还要利用太阳能。

建筑的外形设计源于两方面的考量，一是使面向东方景观的空间最大化，二是使整个建筑的占地面积最小化。建筑正面朝向东方，几乎全部由玻璃构成，其他三面则大部分采用了不透明设计，由于向北还有相邻的住宅，出于保护隐私的目的而采用了半透明设计。为了使建筑中央也能获得采光，屋顶被设计成透明的倾斜形式，且超出了房屋本身的长度，使得阳光可以透进室内。即使是在西雅图常见的多云天气，室内也可以得到优质的采光。

设计中还包括绿色土地利用策略，包括铺设铺路材料时留出较大的间隔，以便在其中栽种植物；使用网格结构的植草砖，可以为栽种的植物留出空间；在土地东坡建立生态系统。建筑的环境景观设计也别具特色，将雨水原地渗透，使水的使用降至最小化，减少维护工作。种植区主要栽种着西北地区的本土作物，在潮湿的冬季和干旱的夏季都可以茁壮生长。

住宅采用的一些可持续系统从本质上来讲属于建筑学范畴。举例来说，屋顶雨水会被收集到钢制进水装置中，即使在西雅图最常见的阴天，光线也会通过屋顶中央的透明部分透入室内，安装在室外的机械遮光板既可以防止过度吸热又不会影响欣赏景色。隐藏的系统还会减少能量消耗，例如埋在地下的地热井，维持供暖及制冷的热力泵，以及30块太阳能电池板的光伏系统——可以将产生的电能重新输入输电网。

亚克力材质的悬臂式踏板和玻璃护板扶手，使室内楼梯显得轻盈而优雅，同时也让起居空间和用餐空间像河流般汇合到一起。住宅的耐用性充分体现在对耐用材料的使用上，例如以混凝土为基材的灰泥雨幕系统几乎完全不需要替换或者重新密封；改良木板搭建的低维护、高耐用防雨罩；结合钢制结构的重蚁木露天平台。国会山公馆并不只是"绿色"，同时也是体现了在环境上可持续使用、在技术上站在高新科技前沿的高性能住宅。

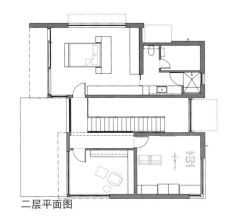

二层平面图

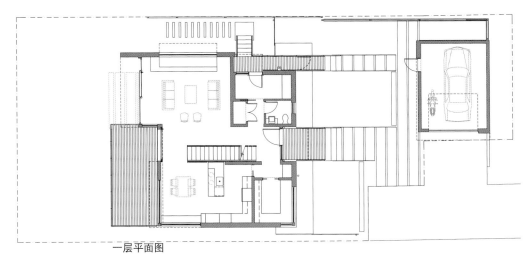

一层平面图

地下室平面图

0　　　8ft

斯图尔特·科恩&朱莉·海科尔建筑事务有限责任公司
工艺美术之家

芝加哥市郊区，伊利诺伊州

该套住宅在设计上要求适应一对夫妇的休闲生活方式。夫妇的子女都已成年，时常在家中招待民间团体和慈善团体。客户希望将住宅打造成现代版本的工艺美术之家。他们深爱别墅风格的建筑和建筑师格林兄弟的作品，还收集了很多南美洲和非洲民间艺术品，希望在新住宅中能够将这些艺术品展示出来。这片位于郊区的偏僻空地隔着一块公园绿地与密歇根湖遥遥相对。房主夫妇希望在设计中加上户外的生活空间和面向密歇根湖的屋顶平台，并在住宅后面的私人庭院中增设游泳池。

住宅位于密歇根湖前面的一条只有五个街区长的街道上。这些街区由大型的20世纪早期住宅组成，以乔治风格和都铎风格的建筑为主，间或有几栋大型草原式住宅点缀其中。这些草原式建筑由草原学派建筑师塔尔梅奇和沃森设计建造。新建住宅依旧保持了整条街道的规模和视觉上的多样性。住宅的主要房间以及成排的落地双扇玻璃门均朝向东部的密歇根湖。打开门，便可来到高架平台，平台上方安装了遮雨遮阳的天蓬。

住宅外墙由威斯康辛本地出产的石灰岩结合杉木瓦构成，屋顶为立接缝金属结构。屋顶材料在颜色的选择上经过了精心考量，因为预加工材料的颜色要同金属竖铰链窗的颜色相衬。在住宅的隔热设计上，建筑师采用了开孔、闭孔喷雾泡沫隔热材料与干湿纤维素涂料相结合的方式。住宅内配置了高效能的机械设备和用具，其机械系统由电辐射地板、地热供暖制冷以及与供暖制冷系统相结合的能量回收系统共同组成。由于该地区水位较高，设计中还添加了地下蓄水系统，将地下水储存起来，用以灌溉植物景观和季节性地为泳池注水。

整个设计团队由斯图尔特·科恩、朱莉·海科尔以及项目建筑师加里·休梅克组成；室内陈设由吉姆斯&托马斯有限责任公司的吉姆斯·多伦克和托马斯·里克尔提供；景观设计由凯蒂尔坎普兄弟景观建筑有限责任公司负责；承建商为斯特姆建筑有限公司。

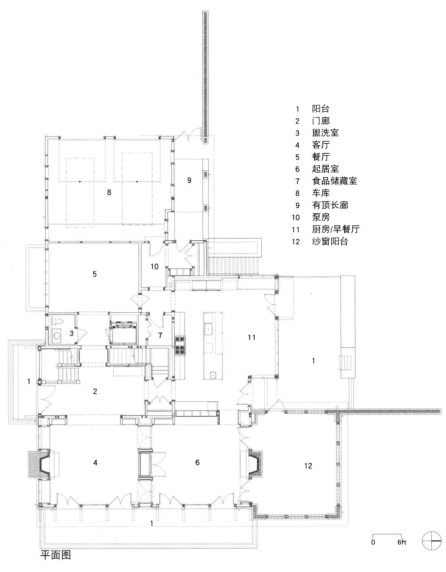

1　阳台
2　门廊
3　盥洗室
4　客厅
5　餐厅
6　起居室
7　食品储藏室
8　车库
9　有顶长廊
10　泵房
11　厨房/早餐厅
12　纱窗阳台

平面图

0　　6ft

芝加哥市郊区，伊利诺伊州　　57

洛杉矶市，加利福尼亚州

该项目整体由一个巨大而简单的玻璃体构成。玻璃体作为主要的共享生活空间，周围被一系列立方体小房间所环绕。该设计理念使住宅对周围自然景观完全开放，同时又自然地维护了家人的隐私，使其不受街道环境的干扰。建筑师通过精心地调整窗口取景、控制采光和通风，使设计作品对建筑环境作出了密切的回应。历史悠久的山坡景色与住宅一同构成了亲密和谐的统一体，其设计本身极具特色。不透明的墙体上方安装了独特的透明天窗，而住宅整体上方则是浮动式平顶结构，由裸露在外的钢梁搭建。无论在住宅的哪个角落，居住者都能获得对峡谷、树木和远处海洋景观的最佳感官享受，同时又不需要担心住宅的私密性。

住宅的空间向室外延伸，而周围的自然景色则不断地与设计融为一体。进入住宅，首先要经过外围的立方体房间，然后穿过上方装有连续式天窗的玻璃门，便进入了玻璃体空间。走过独立厨房后面的狭窄通道后，眼前会豁然开朗。因为设计中抛光钢梁结构的使用，其贯穿始终的室内外交互、开放性和对工艺及细节的关注才能得以实现。住宅的混凝土拥壁在条件允许的位置上直接暴露在外，与钢制材料及热带硬木外墙形成了强烈的视觉对比。嵌入式橱柜和书架使高大的主空间更显开阔整洁。360°旋转书架的设计将书房从起居空间中隔离出来，作为通道的同时，也可以将电视机隐藏起来。住宅所处的街区历史悠久，

其设计灵感正来源于这里严格的建筑规范，即要求建筑能够成为拥有中世纪的纯朴和亲切的现代主义特质的典范。该设计正体现了对这些价值观的认同。设计在更加关注建筑可持续性的同时，也对其内在品质进行了现代解读和颂扬。建筑师对景观的保留和对这块下坡建筑用地谨慎利用的态度使得这栋单层住宅远离了街道区域的干扰。住宅外观设计非常低调，位置选择也经过精心的考量，因此与同等大小的建筑相比，该住宅显得规模适度，非常符合周边的建筑风格。为整所住宅提供能源的光伏玻璃嵌板沿着宽幅挑檐向外延伸，遮挡在露天阳台之上，天气晴朗的时候，便会在阳台上映出斑驳的影子。可调窗户和折叠玻璃墙的位置与当地盛行风的风向一致，从而促进了住宅的自然通风。

沿洛杉矶西区的克里斯特伍德山区属于温和的地中海气候带，为开放、通风式建筑设计提供了最理想的气候条件。毫无疑问，克里斯特伍德山公馆的设计便充分利用了这一优势。这栋以梁柱结构为主的住宅和谐地融入了周边的中世纪风格建筑环境，又因为其自身的透明度，最大程度地同自然山地环境融合在一起。建筑用地上原有的树木都被尽可能地保留下来，以增加自然环境的成熟感。原有住宅的屋顶梁经过改头换面，成了室外随处可见的台阶和长凳，也是对抗旱植物景观的一种补充。

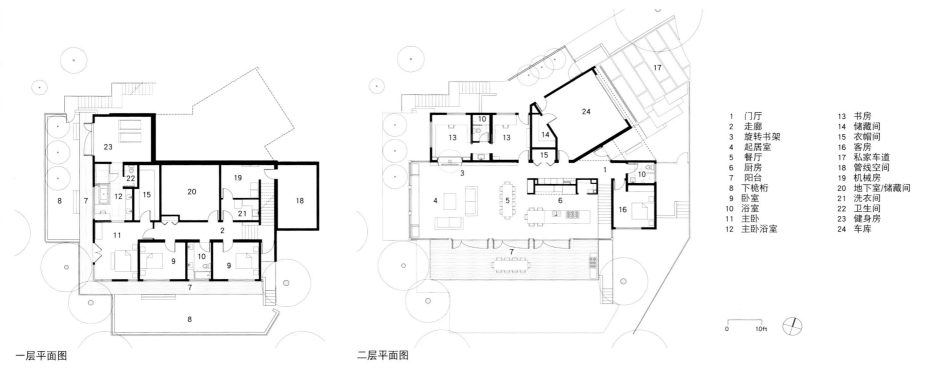

一层平面图   二层平面图

1	门厅	13	书房
2	走廊	14	储藏间
3	旋转书架	15	衣帽间
4	起居室	16	客房
5	餐厅	17	私家车道
6	厨房	18	管线空间
7	阳台	19	机械房
8	下檐桁	20	地下室/储藏间
9	卧室	21	洗衣间
10	浴室	22	卫生间
11	主卧	23	健身房
12	主卧浴室	24	车库

0   10ft

洛杉矶市，加利福尼亚州   63

达拉谟建筑工作室
D&MF宅邸

圣路易斯市，密苏里州

建筑原址上是一栋20世纪20年代的房屋，维护状况很差。客户希望新的设计能够适合年轻家庭和他们的艺术藏品，也能更好地利用现在住宅周围的环境特点。在最终的设计方案中，新建筑被移到该地的最高处，紧挨着建筑收进线，同时这里也是整块土地上植被最丰富的地方。在这样的位置上，所有的主要生活空间都能获得开阔的视野——向下望去便是南部林木茂盛的山坡，而且感觉上像是没有邻居一样。

新建筑在外观上像一个改良的"H"，这是出于视觉效果的考虑，以保护建筑中心两侧都是玻璃墙的起居空间，其辅助空间则安置在私家车道旁边。建筑北侧，是一座紧挨着繁忙街道的下沉式私家庭院，周围建有挡墙以及一座用来阻隔交通噪音并保护起居区域视觉效果的园林山丘。住宅距离私家车道最远的一侧是主套房，儿童卧房位于其楼上。原有的饮牛池作为设计特色被保留下来，现在用作蓄水区。

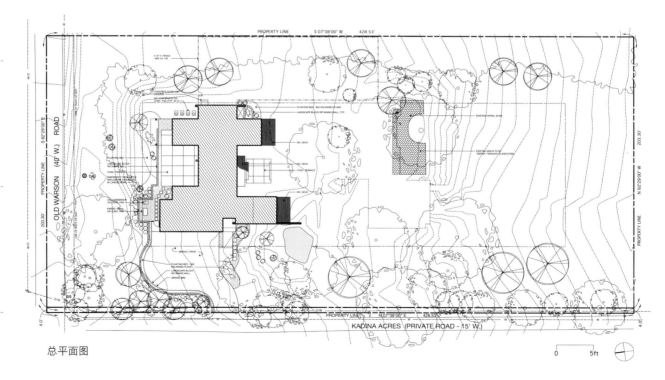

总平面图

0   5ft

特里兄弟建筑工作室
钻石宅邸

旧金山市，加利福尼亚州

钻石宅邸的设计在兼顾了建筑用地和周边环境特点的同时，也满足了家庭生活的需求。住宅主层与花园处于同一水平面，是公共区域的位置所在。厨房透过玻璃墙向外延伸，与后院天井相连。从这里通往花园，是一个小型的卫星结构，可作为家庭办公室使用。客厅的楼梯通往屋顶的露天阳台，阳台就像是花园生活空间的延续。从屋顶阳台远眺，四周群山上缀着星星点点的旧金山民宅，形成了一幅别具特色的画面。住宅下层的公共空间较少，而是做了客房、儿童游戏室和常用工具的储藏间。设计中采用了大量的玻璃，每一块玻璃的位置都经过了深思熟虑的考量，使阳光轻柔和缓地进入室内的同时，又充分利用了周边环境带来的风景。住宅两侧的墙壁由混凝土建成，墙壁一直延伸至住宅后侧，将整个后院环绕起来。混凝土墙壁可以作为蓄热体，缓冲昼夜温差，从而增加了能源效率。

建筑结构使用了倾斜的屋顶平面，仿若悬浮在主楼层上方，夹在两面纵向的混凝土墙壁之间，让人不禁联想到周边地区的群山和山谷。在建筑师的精心设计下，屋顶和墙壁之间留出了一些空隙，因此依靠自然光就可以将墙壁照亮。住宅前侧和后侧采用了大面积的玻璃材料，在室内和室外之间创建了良好的透明度，这一点非常符合贯穿整栋住宅的设计理念——简单材料的使用与清晰明快的细节。这样的审美设计给人以温暖平静之感，而不会被两个并列空间各自单一的美感分散了注意力。对于生活在城市环境中的家庭来说，这一点非常重要。

住宅的两侧和后院的围墙均由混凝土墙壁构成。从建筑底层的车库上方垂直延伸出了第三道混凝土墙，用于壁炉和烟囱的建造。混凝土墙壁可以作为蓄热体帮助提高能源效率。白天墙壁吸收热量，保证了室内的舒适度，而到了气温较低的夜晚，墙壁又可以帮助维持适度的基准温度。由于住宅地处人口相对密集的市区，混凝土墙壁还提高了房屋的防火性能。

在两堵混凝土墙壁之间，建筑师采用了透明玻璃和木质外墙。重蚁木外墙被设计成双层墙体结构，里层是垂直的内垫条，外层则是水平的重蚁木板条。这样的设计保证了外墙与内墙之间的通风，从而避免了墙体和室内空间热量的累积。

建筑师大范围地使用玻璃，从而使自然光能够照进室内，获得室外景观的同时又与室外环境建立了连接。为了实现这个目标，建筑师在住宅后侧的窗台上增加了一根加固的水泥柱，为住宅的玻璃结构提供侧面的支撑力。

屋顶/阳台平面图

主楼层平面图

低层平面图

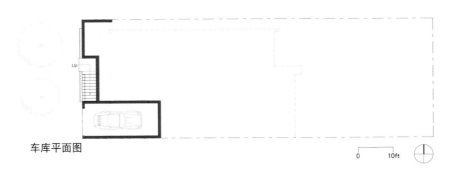

车库平面图

0　　　10ft

D空间建筑工作室
柳条公园历史建筑补充项目

芝加哥市，伊利诺伊州

这座19世纪80年代意大利风格建筑的主人希望能够在此基础上附加一部分现代生活空间。建筑师的设计方向是打造一个现代版本的"甜橙温室"——一种作为温室使用的玻璃结构，常见于主人曾经居住过的英格兰。设计方案中规划了客厅、中庭以及屋顶阳台，同时还要兼顾室内和室外空间的融合。

最终的设计作品是一座两层的结合了钢铁与玻璃的建筑体，通过一扇5米（17英尺）高的可操作玻璃门与老建筑相连。这道由飞机修理库用门改造而成的双褶门将室内空间与中庭的景观完全融合在一起，而且当门打开的时候，便形成了一道防雨天蓬，将中庭遮蔽起来。

附加建筑内使用的彩色混凝土地面与中庭的石灰岩地面搭配得十分协调，缓和了从室内到室外空间的突然转换。FireOrb牌悬挂式火炉为整个室内空间供暖，还可以旋转180°朝向中庭方向，因此偶尔也能作为室外火炉使用。

室内的钢制护栏橡木楼梯通过一条狭小的通道与室外的螺旋式楼梯相连，通向舒适的屋顶阳台。阳台上设有以天然植被做屏障的下沉式休息区、嵌入式浴缸以及小菜园的空间。

住宅设计中的绿色环保元素也有很多，如LED照明、雨水收集系统、耐寒植物、高效能工业设备和为以后安装太阳能电池板所准备的基础设施。

立面图

波尔西莫斯·萨夫里·达西瓦建筑公司
海湾小筑

科德角，马萨诸塞州

海湾小筑正面采用了对称式设计，其外观整洁怡人。一座小小的庭院三面被住宅包围，第四面则由景观墙构成。几根间距开阔的圆柱之上是巨大的扇形窗，标志（同时也是一种象征）着住宅入口的位置。景观墙坐落于山形墙形成的跨度之内。但这个跨度并没有超过构成庭院侧面的山墙的末端。尽管如此，建筑师通过两个附属山墙结构的设计，使住宅外观保持了平衡。两个附属山墙结构大小相同，依附在较大的山墙前侧。在整体建筑和景观中，景观墙的规模更为强调的是它的象征作用。相比与之毗连的庭院，景观墙对整体大环境的意义更为突出。住宅真正的入口隐藏在由景观墙构造出来的门廊角落中。

这样的安排使得不规则的设计能够适应建筑的内在需求，既不会减少入口庭院和住宅正面外观的得体性，又不会降低入口处的象征作用。住宅的前面就像是展开的、社交化了的"海角"，而朝向海湾和远处辽阔公海的后方则不那么规则，也更加厚重而巨大，需要以获得最佳的海洋景观为目标进行规划设计。在建筑师看来，依照传统方式，建造一座壮观的板式别墅似乎更能满足设计要求。因此建筑师根据建筑前后之间的三条线对建筑进行了重新定位。这样的做法创造了一种精妙的秩序，使得设计方案一方面保持其古典特色，另一方面又不失随意。

历史悠久的乡土风格建筑形式——采用多格双挂拉窗的低山墙别墅——作为"简单生活"的象征，深受人们喜爱。但这种形式并不适合该项目的客户。对方需要的住宅一方面要同20世纪70年代到90年代风靡周边地区的乡土风格兼容，另一方面还要既能满足招待朋友的社交需要，又能满足日常生活的休闲和娱乐需要。建筑师的解决方案是将住宅前侧打造成展开式社交空间，后侧则采用了板式建筑风格。住宅后方有大面积的海滨景观，在完整的二层小楼上欣赏海景的愿望也能得以实现——从这个方向看，住宅似乎变成了一栋完全不同的建筑。出于对大陆架和海岸的严格保护的需要，建筑师动用的土地不能超过这块土地上原有的建筑占地。

在科德角地区，白色镶边的灰色木瓦住宅是最常见的乡村风格建筑。该项目也延续了这一传统。在这块土地上，曾经有一栋大小相仿、建成不满五十年的住宅，但是无论设计还是结构都无法达到标准。新建的住宅拥有高效能系统、低辐射隔热玻璃、牢固的细节处理和升级版的化粪池系统，改善了对环境的响应能力。建筑还充分利用了所处地理位置的特点，不仅获得了最佳的海洋景观效果，还同住宅前侧的成熟花圃构建了和谐的关系。

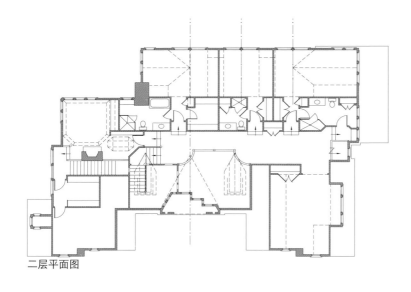

二层平面图

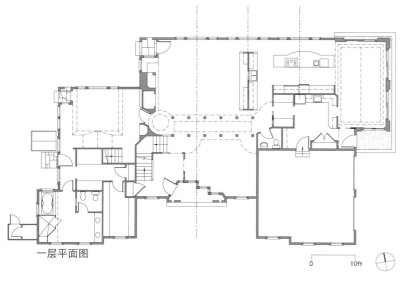

一层平面图

0   10ft

乌利联合建筑工作室
哈德逊山谷乡间别墅

哈德逊山谷，纽约州

哈德逊山谷乡村别墅采用了大胆的"双占地"、超大玻璃窗以及多阳台设计，建筑被分成两半，一半作为公用空间，另一半则是私人空间。该住宅的建造是对一套富有机动性的庞大设计方案的回应。这个方案从一套工具箱开始：预先定制的成品零部件被带到这片遍布岩石和树林的土地上，组装起来后用螺栓拧紧，最终装配完毕之后再在外面覆盖一层软木板材，就这样，现代感与质朴感合二为一。一层的空间以开放式为主，设有厨房、餐厅区和起居区，还有一座9米（30英尺）长的豪华室内泳池。从泳池向外望去，是一片郁郁葱葱的林地，使泳池与外界形成了独特的相互融入的空间。无论在夏季还是冬季，泳池的环境都非常宜人。在设计这栋别墅的时候，建筑师尤利西斯·黎塞伽对室内外线条的使用非常着迷。同时，他也从艺术家迭戈·里维拉和弗丽达·卡罗的艺术工作室中获得了非常多的灵感。这间艺术工作室位于建筑师的家乡墨西哥城，也是建于1930年的文化地标。可以说，这间工作室同两位艺术家的感情关系非常相像——两个部分相互连接，但在形式上却相互分离。住宅的天桥由一道倾斜的支柱和将通道挂起来的缆绳组成。天桥的设计灵感来自它所通往的主建筑的角度、方向和轴线。

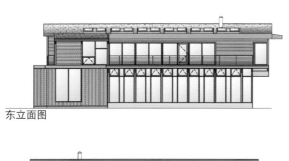

东立面图

西立面图

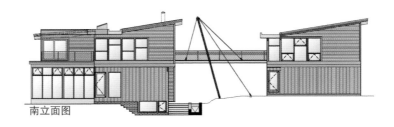

南立面图

北立面图

0   10ft

史汀森海岸，马林郡，加利福尼亚州

这幢新建的独栋住宅坐落在加利福尼亚州马林郡旧金山市山峦起伏的海岸旁。经过精心设计的住宅不仅获得了充分的景观视野，还为居住者提供了私密的庇护所。住宅的主要入口隐藏在两座建筑体之间，产生隐秘感的同时也免除了坡下街道的干扰。不过一旦进入室内，眼前便会豁然开朗。住宅充分利用了周围自然环境带来的壮丽景观。几乎每个房间都设有一直延伸到天花板的落地窗，居住者可以欣赏到海洋和公园绿地的美景。大量的平台、屋顶露台以及阳台的设计强调了建筑室内与室外空间的融合。

建筑的设计理念受到了地势、朝向、景观和土地分区管制的强烈影响。这块长方形的土地面积2,045平方米（22,000平方英尺），包括40米（130英尺）长的临街面。从概念上看，建筑由一系列沿着既有坡面建造的单层建筑体构成。虽然在一定程度上减少了建筑的规模，但这样的创意同时满足了建筑用地坡度变化以及区域规范中限制屋顶高度不能超过坡度5米（17英尺）的要求。

整栋住宅围绕着中央庭院，在设置上既满足了地势和朝向的需求，又能获得大西洋和国家公园的视野，令人不禁想起房屋聚集的小村庄。从物理角度上看，整个建筑结构被庭院分成了两个部分，一个用作居家生活，另一个则是客房和台球室。居家生活的部分充分利用了海洋景观，一直延伸到建筑用地的西侧。客房部分则平行于南侧的界址线。除了起居、聚会、用餐、烹饪的空间之外，住宅还包括四间卧室、五间浴室、能容纳两辆汽车的车库、生活区域、台球室、游泳池、桑拿浴房和温泉。

除了朝向和结构设计，住宅还通过对可持续材料及技术的使用，与所在环境融合在一起。绿化屋顶上种满了当地植物，一方面可以用来减少雨水的流失，另一方面也使建筑更好地融入自然环境。私家车道采用了可渗透路面，大量的平台设计也是出于减少雨水流失的目的。建筑还采用了节能设计，使用太阳能系统供暖和热水供暖系统。一处与单人房等宽的高效设计结构和对面巨大的可操作玻璃窗充分利用了从海面徐徐吹来的自然风，使空气能在建筑内自由流动，起到了自然降温的作用，也减少了对机械空调系统的需求。

住宅全部使用了可持续产品：混凝土和竹制地面，室内采用了高效能卫生洁具，建筑结构则采用了可回收的金属壁骨和钢制品。建筑外墙结合使用了天然材料和再生材料。天然色调的纤维水泥面板、铜质光泽的金属面板和包覆了金属铜的锌板都使得住宅内部空间的功能有所增加，而且也能与自然环境融为一体。

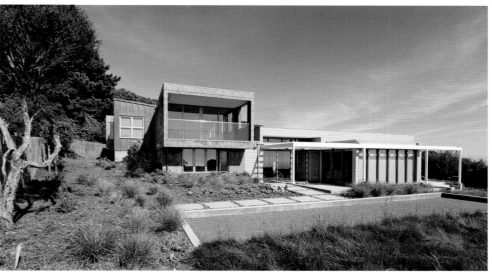

史汀森海岸，马林郡，加利福尼亚州　97

1　入口
2　中央庭院
3　门厅
4　阅览室
5　食物储藏间
6　厨房
7　餐厅
8　前侧露台
9　起居室
10　卧室
11　洗衣间
12　桑拿房
13　工作间
14　储藏室
15　车库
16　客房
17　值班室
18　池畔露台
19　泳池
20　露台

0　　10ft

平面图

哈克建筑有限公司
国王之荫公馆

法尔茅斯港，马萨诸塞州

从坐落在水畔的"国王之荫"公馆，可以远眺法尔茅斯港的入口和远处的海湾。总体占地890平方米（9,600平方英尺）的复斜屋顶建筑在设计上既要与19世纪和20世纪之交时期该半岛（常被称为恰珀库伊特岛）上风靡的建筑风格相适应，同时又要为居住在内的主人提供现代化的生活设施。住宅充分利用了朝向水面的缓坡，可以提供四层水景生活空间，其中包括最底层的通往户外的超低空间。

为了适应客户的特殊设计需求，建筑师从缓坡上选取了一块较小的建筑用地，在向历史悠久的周边地区表达敬意的同时，试图使该建筑与之相融合。从外部来看，经典的复斜式外观效仿了世纪之交时期的板式建筑，在该岛最初的开发阶段，这种风格的建筑极为流行。尽管如此，在住宅古典的外型内部却是最尖端的技术和数不清的现代设施，而且即使在室内，很多设施也做了隐蔽处理。这些现代便利设施主要包括最顶级的固定装置、电气用具、表面材料和工艺系统。在车库下方的完整低水平空间内专门设置了家庭影院，由于采用了混凝土预制板系统承担停放在上方的车辆的重量，所以完全不需要建筑结构柱的支撑。

因为要考虑到客户如何居住以及何时居住的问题，建筑的室内空间规划也体现了其"现代"的含义。住宅的机械系统和它们所服务的空间都设计成能够适应全年和季节性使用，也就是说，在需要的时候可以选择调节一部分，而不是所有的空间。住宅空间在设计上还充分体现了"亲近生活"的特点，既能灵活适应大型聚会的需求——主要集中在厨房、家人活动和用餐房间，同时又能保证孩子和大人私人空间的隐私性。

优质粉色花岗岩的使用也是该设计项目的特色之一。这些花岗岩产自西法尔茅斯，由于其化学成分适宜，而且很容易获得，所以在该地区的使用量极大。建筑屋顶和外墙使用了阿拉斯加黄杉木，相比其他类型的杉木，黄杉木的耐用性和持久性都更具优势。屋前原来的石墙经过了重新修复，位置并没有变动。液气系统和紧密包裹的纤维素隔热材料的使用，打造了超乎寻常的高效能建筑结构。其他的材料还包括花岗岩和皂石工作台，定制的石头壁炉，仿古橡木、仿古栗木、柚木和冬青木地板以及加固的混凝土地基。

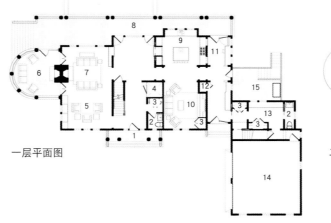

一层平面图

二层平面图

1 玄关	7 起居室	13 泵房	19 卧室
2 盥洗室	8 有顶阳台	14 车库	20 洗衣间
3 衣帽间	9 厨房	15 露台	21 浴室
4 电梯	10 家人休息室	16 主卧	22 壁橱
5 客厅	11 家庭办公室	17 主卧浴室	23 阳台
6 纱窗阳台	12 食物储藏间	18 阅读凹室	

0 ___ 10ft

芬内建筑事务所
湖林公园改造项目

湖林公园，华盛顿州

这栋建于20世纪50年代的西北地区住宅坐落在一块安静、隐蔽的林区，位于西雅图北部25英里处。经过彻底改造后的建筑还保留着原住宅的精神特质。大块儿玻璃窗和屋顶玻璃气楼的设计使得改造后的住宅像是一幢森林中的玻璃亭子。建筑师重新制定了楼层规划方案，建造了宽敞、采光充足的主卧室和主浴室，两个空间被玻璃和森林景观所环绕。主要生活和用餐空间被稍稍扩大，屋顶增加了带天窗的气楼，使得柔和的自然光能够射进室内。加大的厨房内设有石英石和压铸玻璃操作台，连续的玻璃窗底端与操作台平齐。

粗略计算，原建筑中大约有一半都采用了带有外露冷杉木横梁的铁杉木天花板，这些设计被保留下来，剩下的部分则用冷杉木作补充。原来的水磨石地面经过了重新抛光，而新增加的水磨石区域则选择了与原来色彩互补的颜色。

住宅在改造过程中始终如一地坚持了原住宅所体现的简洁和明净，一系列新型材料的增加，使得材料的质地纹理与色彩产生了强烈的关联，每种材料都因为和其相接的表面形成了鲜明的对比而显得更具质感。住宅内的橱柜结构主要由樱桃木面板构成：有的面板表面光滑，而有一些则经过数控雕刻机的打磨，形成了一种"木质织物"的纹理。一道9米（30英尺）长的高光墙与餐厅和厨房区域相连，全部包覆着风化钢板。高光墙上悬空的橱柜被固定在斑驳的棕色钢板上，一部分使用了树脂板与天然草木结合的材料，另一部分则使用了有纹理的樱桃木。

这次的改造项目秉承了芬内建筑事务所在其他项目上所坚持的设计理念，即追求"手工制作的现代主义"，通过对高度个人手工材料和用具的使用，提高了住宅的现代主义审美趣味。定制生产的产品包括厨房用的压铸玻璃操作台、钢制墙板、镜框、窗帘帷幔、灯光吊杆、人工吹制玻璃灯具，以及一些定制家具。主卧室和浴室之间的玻璃墙增加了以蚀刻法完成的手绘图案。玻璃墙底部的图案较为密集（可以保护隐私），上部的透明度则大大增加。

住宅改造项目完全采用了可持续设计。水磨石地面下方的辐射供暖系统为住宅提供了稳定的热源，同时也最大程度地减少了能源消耗。高处的天窗能够使自然光深入住宅，在夏天的时候还可以通过机械操作增加室内通风。住宅内还使用了大量的绿色材料：树脂板、石英石操作台、漆布、低VOC涂料，以及可持续木质产品。但最重要的是，这栋改造后的建筑本身有一种固有的可持续性，它继承了20世纪50年代的老建筑所表达的精神，现在又赋予其清新的生活。改造工程也很好地证明了一条非常重要的可持续理论：用好料，用心建，房子就能住上好多年！

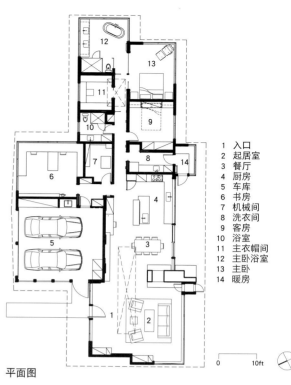

1	入口
2	起居室
3	餐厅
4	厨房
5	车库
6	书房
7	机械间
8	洗衣间
9	客房
10	浴室
11	主衣帽间
12	主卧浴室
13	主卧
14	暖房

平面图

0   10ft

格洛特·霍马斯建筑事务所
湖畔庄园

美色岛，国王郡，华盛顿州

在20世纪60年代，这是一栋设计意识超前的住宅，但是时光不复存在——生活方式也是如此。客户希望能把该建筑带进21世纪，将其改造成一套休闲型的住宅——以温暖为特点，优雅中又不失随意。

通过调整楼层布局，住宅获得了充分的开放空间，还有可以用来聚会的地方，气氛温馨宜人。室内外的建筑面材全部经过加固处理，使其在细节上更加丰富，室内空间对户外生机勃勃的绿化景观更加开放。能够住在一栋吸引外人目光的房子里，实在是住宅主人的幸运，而住宅设计也充分地利用了这一点。木材、钢铁与石头的混合搭配使用使得住宅更显温暖，就像在对人们说："这真是一套非常现代的住宅！"建筑的每一处表面都经过改头换面，被精细的材料和精炼的细节所代替。

为了遮挡刺目的阳光，窗户和门的上方都安置了由钢铁和木材制成的遮阳棚。这样的细节使得户外娱乐区域和重新设计的前厅更适合居住者进行室外活动。在住宅和独立的车库之间有一处空地，现在被一间新的办公室空间所取代。车库本身被改造成了陈列室，用来摆放主人收藏的汽车。全部用樱桃木装修一新的厨房在经过设计改造后既可以承担大型派对的需求，又可以满足日常烹饪的需要。同样，主套房的装修采用了丰富的石材和木制品，生活在这样的地方，每天都是对自己的一种宠爱。

通过对原建筑的精心保留，以及对材料的悉心选择，这套住宅已经以优雅的步子昂首进入了现代。

1　有顶门廊
2　入口
3　起居室
4　餐厅
5　楼梯及楼梯平台
6　小房间
7　厨房
8　走廊
9　车库
10　家人休息室
11　露台
12　浴室
13　卧室
14　洗衣间
15　主卧浴室
16　阳台
17　主衣帽间
18　主卧
19　小厨房

二层平面图

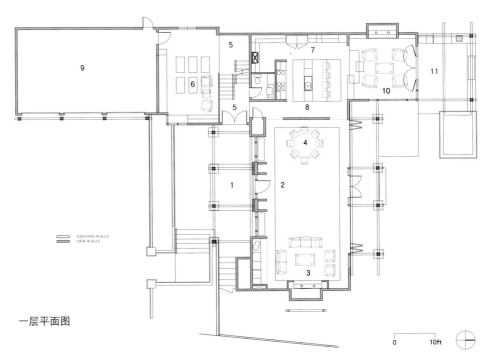

EXISTING WALLS
NEW WALLS

一层平面图

0　　　　10ft

埃斯蒂斯/托姆布雷建筑事务所
枫木丘别墅

维斯特伍德镇，马萨诸塞州

从一开始，客户便表达了对一栋能和自然景观融合在一起的住宅的需求。建筑师和客户一起看了几处地皮，最后决定选用一片面积超过了8公顷（20英亩）的土地。这片土地上有一道南北走向的狭长坡脊，西侧和南侧则面向一片洼地。

私家车道位于坡脊西侧边缘，住宅与坡脊垂直，向内延伸到建筑用地三分之二的位置。细长的单层设计由两栋山墙结构建筑组成，分别用作卧室和生活区域，中间由一座较矮的斜顶小屋连接。小屋内设置了住宅入口和书房。这栋低调的设计作品在山坡处半隐半现，与周围高大的松树形成了鲜明的对比。坡脊在卧室一侧缓缓向下延伸，为楼上的房间提供了很好的遮蔽，楼下是一间游戏室。

住宅生活空间的一侧安置在有台阶的底座平台上。平台从连接两座主建筑的小屋开始，覆盖了住宅的整个南侧和西侧。一道石墙挡住了下坡方向的私家车道，内设泳池和车库，石墙阻隔了北风的同时对西南方向完全开放。石砌景观墙一直延伸到建筑内部，将公共庭院同私人露台区域分隔开来。

建筑的外墙材料包括石材、玻璃和木材。取自新罕布什尔的花岗岩石料有两种规格，1.8米×1.8米（6英尺×6英尺）和1.8米×0.6米（6英尺×2英尺）。石料的搭建方式令人不禁想起新英格兰式的公墓墙：表面粗糙的巨大石块堆砌在一起，中间的缝隙非常狭窄。建筑护墙板使用了宽条的粗锯红杉木板，呈水平方向安置，木板边缘采用了明显的斜接方式。建筑的门窗均为预先定制。

住宅内部使用了深色木质装饰和细木家具，使得浅色的墙壁和家具更为突出。这种非彩色的精心设计避免了住宅内部环境与户外四季常在的景观产生对抗。住宅的线性规划相当简单，主要房间面朝西侧和南侧的洼地。宽阔的屋檐遮盖住朝南的窗户。最终的建筑作品与自然景观相互呼应，这也是对房屋主人的目标与承诺的一种证明。该住宅的建筑承建商为马萨诸塞州尼德罕的老格鲁夫合伙人建筑公司，景观设计由坎布里奇史蒂芬·史蒂姆森联合景观设计事务所负责。

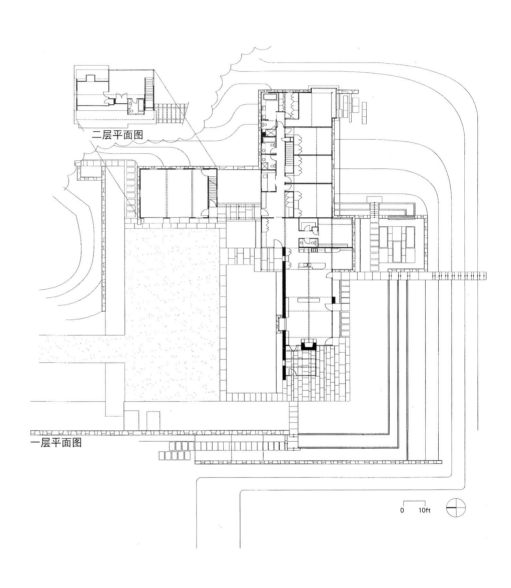

二层平面图

一层平面图

0   10ft

维斯特伍德镇，马萨诸塞州   121

田纳西大学建筑与设计学院 / 翠西卡·史图斯，罗伯特·弗兰切，
理查德·科尔索

新诺里斯小筑

诺里斯镇，田纳西州

新田纳西小筑是一栋典范的高效利用资源的组合式独栋住宅。住宅位于田纳西州诺里斯镇一块先前经过开发的土地上。诺里斯镇是一座由田纳西州流域管理局建立的新政小镇。作为美国最先实施社区总体规划政策的社区之一，诺里斯现在已经名列国家历史遗迹名录。诺里斯的住宅建筑便是这座特色小镇的主要构成之一，也是设计现代、价格实惠和高效率生活的建筑典范。这些住宅全部采用了每个时代的最新技术——市政供电、供水、卫生管道系统——包含了各种新型材料和建筑技术。新诺里斯小筑是一份给田纳西州流域管理局诺里斯项目75周年寿辰的献礼，同时也抓住这次机会对当今景观、社区和住宅的塑造进行了反思。

作为铂金住宅项目能源与环境设计先锋奖获得者和美国建筑师协会环境委员会十大绿色项目之一，新诺里斯小筑通过传统和创新的手段，跻身于高效能建筑之列。

引领潮流，创新设计以及对社会的改良对颇具独创性的诺里斯项目来说极为重要，同时也是这栋现代可持续设计所围绕的核心。

在诺里斯项目中，可持续居住的信念得到了贯彻，包括：对一栋集功能与美学体验为一体的建筑的打造；人工建造的环境与自然环境之间的相互作用；一个多学科协作的设计团队；以及在科技创新中对本土经验的不断更新与借鉴。通过风化处理得到改善的天然耐用材料与该地的历史文脉产生了强烈的共鸣。这些材料包括取材自当地的大西洋白杉木、镀层钢板和废物利用的白橡木地板。

设计中还充分利用了最佳的空间组成和门窗洞布局定位，创建了一个开放、明亮、宽敞的室内空间；平衡了公共街道与森林保护区的连接；并利用了可用的太阳能辐射和自然通风。这些经过深思熟虑的被动响应是出于将有源系统减到最小的考虑。

工地外建造的结构、预制构件和可互换标准件转移了70%的建筑垃圾。预制框架技术使木材的消耗减少了17.5%，同时又增加了隔热性，减低了热桥效应。通风雨幕表面做了抗潮和抗腐处理，高效绝热墙壁也降低了热传递。

高效集成设备包括太阳能热水系统、无管加热/空气系统、能量回收换气机和吊扇。从屋顶收集下来的雨水可以作为非饮用水使用，可再利用废水可就地进行处理。

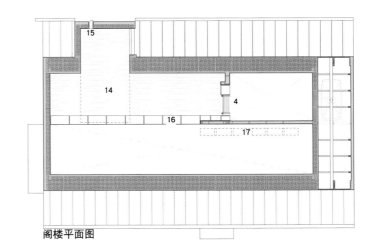

阁楼平面图

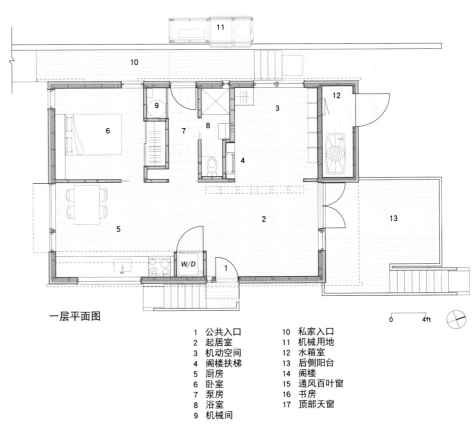

一层平面图

0   4ft

1　公共入口　　　　10　私家入口
2　起居室　　　　　11　机械用地
3　机动空间　　　　12　水箱室
4　阁楼扶梯　　　　13　后侧阳台
5　厨房　　　　　　14　阁楼
6　卧室　　　　　　15　通风百叶窗
7　泵房　　　　　　16　书房
8　机械间　　　　　17　顶部天窗
9　机械间

尼尔·普林斯建筑工作室
泡泡岬别墅

日落镇，南卡罗来纳州

在湖畔的圆形山丘上，坐落着一栋板式结构别墅。别墅所在的位置是一道静谧湖湾的避风港，再往远处，便是横跨科尔维湖的开阔水域美景。整栋建筑在三个楼层中划分出了不同的区域，但在每个生活空间里都可以欣赏到户外的景色。在住宅内部，五间卧室套房、开放式客厅、厨房、游戏室以及瞭望台，可以满足不同规模的家庭聚会需要。纱窗阳台内装有壁炉，由一道带屋顶的散步长廊与户外相连，勾起了居住者进行户外活动的欲望。杉木板材和天然散石相结合的墙面增添了温暖的自然基调，使整栋建筑仿若扎根在了这片土地上。

考虑到住宅的建设方案，狭窄、陡峭、不规则的湖畔土地给住宅设计带来了非常多的限制。如果要考虑湖畔的让移需求，建筑用地就只剩下了细长的一条。为了加固滨线，房屋主人在一个方向上又让出了3米（10英尺）的土地——这又进一步减少了可

施工的面积。为了满足主人的愿望，建筑最终将至少接触到7个不同位置的建筑收进线。在充分考虑了这些迷宫一样的自然条件的限制后，最终的设计方案完成了：设计一套能够尽可能获取环境所提供的视野的住宅。

住宅的构建是在山坡和湖畔建筑用地的独特品质和自身限制的引导下完成的。从建筑平面图看，房屋沿着湖湾的部分像胳膊肘一样弯曲起来，内部是一系列彼此连通的房间和户外空间。每间房间都有固定的欣赏美景的位置。在朝向湖湾的一边，是一道宽阔的石制台阶，迎接访客的同时，又能给乘船到达的人指引住宅的方向。最终呈现出来的建筑形式、使用的材料以及设计细节都在环境的范围内顺利运行，并充分利用了建筑用地地形地势的特点，使整栋建筑与自然环境融为一体。

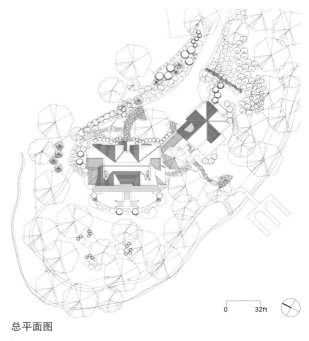

总平面图

`0        32ft`

迈克尔·马龙建筑有限公司

乌鸦湖农场庄园

雅典城，德克萨斯州

对于住宅主人来说，以土地环境特点和室外景观为重点进行设计，这一点至关重要。为了支持主人的想法，建筑师为住宅设置了三座阳台，其中一座安装了纱窗。这座阳台正对着一片成熟的阔叶林，透过阔叶林便可看到远处的湖水。除此之外，为了提供遮蔽和起到防虫的作用，阳台还装设了吊扇和壁炉。纱窗网框的图案与窗框风格很相配，完全形成了一个户外房间。

住宅室内占地面积235平方米（2,550平方英尺），还包括共计45平方米（485平方英尺）的阳台空间。住宅内设一间结合了生活和用餐空间的房间，一道吧台将其与起居区域分割开来。此外，住宅内有两间卧室，主卧室带有一间大浴室和换衣间，另一间客卧则是配有浴室的套间。在长方形线性设计方案的规划下，绝大部分房间都有来自两个方向的自然采光——甚至在很多情况下还可以获得三面采光。住宅位于一片开放的草地边缘，同时也是一片成熟的阔叶林开始的地方，因此，这栋住宅就像是一道屏风，将草地和森林分成了两个部分。从低屋顶阳台进入房间，进入眼帘的便是一个由生活、用餐和起居区域构成的高举架的连续空间，一侧的玻璃墙外便是阔叶林，呈现出一片完全开放的视野。这部分空间上面由单坡屋顶所覆盖，其中包括了各种公共房间。由于空间内的举架高、窗户大，整栋住宅看起来要比它实际的占地面积还要大得多。该空间的另外一侧位于稍矮的屋顶之下，内设厨房、浴室和杂物间，与高屋顶空间形成了强烈的对比。

住宅外部主要由两种材料覆盖——混凝土板和铝锌合金镀层屋顶。屋顶上一些地方的合金镀层顺着屋顶一直延伸到外墙，成为了住宅侧墙的一部分。住宅屋顶的材料是铝锌合金，外墙用混凝土砖块，以平移顺砖砌和法砌成——将水平方向的接缝用凿刀进行精密休整，而垂直方向的接缝则保持了相等的高度。为了与这种简朴——几乎是工业材料面板相匹配，混凝土台阶和平台使得住宅有种径直延伸进风景的感觉。建筑整体外观的灰色基调建立了一个对比的背景，使得树木和草地鲜亮的绿色更加突出。虽然在独户公寓的建造中，并没有使用混凝土砖和铝锌合金镀层金属的传统，但这栋农场庄园还是令人不禁想起周边地区的其他乡村建筑。这些材料都是因为其低维护和耐用性而被选用的，尤其是居住者并不需要为了一直保持住宅的清新和可使用的状态而操尽了心。住宅的拱腹和门廊采用了舌榫柏木板材，从而在人们与住宅进行触觉接触时，增加了温暖、柔和的质感。

让·格雷斯迪恩建筑设计有限公司
海滨别墅改造工程

新西伯里区，马萨诸塞州

海滨别墅的改造项目充分证明了一点，适度的补充能够带来实质上的影响。这栋建于1985年的建筑在细节上很现代，但是缺少高雅的气质和与海滨环境相称的生动性。虽然主人一家已经习惯了原住宅狭窄的门口、拥挤的庭院和平淡无奇的家庭房，但他们连海洋天气呈现在住宅面前的诱人景色都无法看到。因此，在这次对别墅的改造和补充项目中，其美学、功能和结构上的改进需求同时得到满足。而且由于住宅接近环境容易受到破坏的海边，这就意味着新的设计有一大部分要在原有住宅的平面内进行，最多也只能增加19平方米（200平方英尺）。

建筑外观最明显的改进是增加了一系列人字形屋顶，以体现科德角社区的板式结构住宅，同时也改善了内部空间的功能性。由于增加了家庭房山墙设计，设计团队重新安装了一个钢架结构，以在强烈多变的海风情况下更好地支撑拱形空间。最终的设计方案呈现了一间生动但却优雅的家庭房，窗外便是诱人的美景。对于主人的家人来说，海滨环境非常有视觉和情感上的吸引力。但是，由于住宅靠近海岸线，建筑用地土质适中，所以需要将建筑的渗水表面降至最少。原来的碎石车道经过翻修后由牡蛎碎壳路面取代，这样雨水可以自然地为地下水提供补给。房屋四周设置了一道同样覆盖着牡蛎碎壳的45厘米（18英寸）宽的排水带，以减少屋顶雨水

径流带来的影响。本地植物的栽种使自然景观显得更加柔和，而且维护费用低，甚至将灌溉需要也降到了最小程度。住宅本身的物理性限制也是促使房主想要进行改造的因素之一。狭窄的门厅旁是一座位于正房和客房之间的拥挤的庭院。任何可以扩展门厅面积的设计反过来都会让庭院拥挤的程度进一步恶化。最后建筑师通过从庭院挪用了1.5米（5英尺）长的空间，并把原来的楼梯用开放式设计代替，同时在顶部搭配了拱形天花板——这是通过添加一座新的人字形屋顶来实现的。而小型的本地植物和新修的青石天井使得原本杂草丛生的庭院恢复了新生。

附加的山墙结构目的在于解决原住宅在功能性和结构上的缺陷，也为美化建筑外观提供了机会。精细的装饰和格子窗户增加了建筑外观的体积，而透空的廊道则提醒人们这里是到达区，同时也将正房和客房连接起来。为了更好地保护住宅不受海洋环境的影响，木质装饰和露台铺板都换成了合成材料。新建的透空廊道采用的是当地生产的PVC型材。面朝大海的窗户全部换成了抗飓风玻璃。为了防止住宅外观表面褪色并减少吸热，外墙增加了抗紫外线覆膜。家庭房内的钢制框架结构增加了叠层环梁，支撑起上方新建的塔楼，呈现出一个稳固且能够与其呼应的建筑结构。

前立面图

后立面图

新西伯里区，马萨诸塞州　145

乔布·摩尔及合伙人建筑设计有限责任公司
螺旋宅邸

老格林威治区，康涅狄格州

螺旋宅邸位于康涅狄格州长岛海峡的海岸边，其设计目的在于寻求一种与环境的融合、促进和映射，以及在该地特殊的海岸气候条件下，住宅对光线、空气和海洋的回应。建筑的体积和基本框架是对当地严格的环境和分区法规执行的结果。法规规定了洪水过顶水位、建筑高度、建筑收进和建筑的占地面积。住宅的空间构成灵感来源于螺旋，喻示着自然和有机增长，用来将设计的社会空间角色和室内外空间缠绕、编织在一起，同时也模糊了住宅和其背景的界限。

螺旋形的木质有翅建筑结构从一座有花纹的混凝土基座上拔地而起，内部是一个透明的盒子，装有落地玻璃幕墙。混凝土基座将整个建筑体提高到了4.3米（14英尺）的洪水水位以上，延伸出一条到穿过融水花园的入口小径。一个钢铁和玻璃制成的"盒子"安装了3.4米高（11英尺）的无框门窗，稳稳地坐落在刀锋一样的混凝土板上，让室内的居住者可以看到仅在10米（35英尺）外的长岛海峡的超凡美景。

木质的螺旋结构在玻璃房顶的位置设计成回转的样式，其外壳采用了垂直的精致包层的红杉木材料，使别具匠心的设计和结构本身被提高的程度呈现出相互统一的特点之外，还产生了透明度的变化和独特之处。建筑体与设计本身和自然环境产生了良好的呼应，同时还居住者提供了隐私保护和最佳的视野。与周边地区采用了传统杉木瓦条和护墙板的住宅相比，该住宅在材料的选择上更具创新性。悬空的基座和轻盈的螺旋结构，与结构外壳上透明和映像的交替变幻一起，产生了一系列复杂的转换认知，这种认知增进了住宅和海滨环境之间的相互依存。

在增加了住宅和景观之间的依存关系的同时，螺旋结构还可以作为生态循环体使用。它像漏斗一样将雨水从屋顶和露台漏到入口处的水容花园。雨水可以收集到螺旋建筑体基座位置的一座水池内，或是中央处垂直的水沟中。花园慢慢地过滤着雨水，直到水位超出高处的倒拱，就会将水释放回长岛海峡。

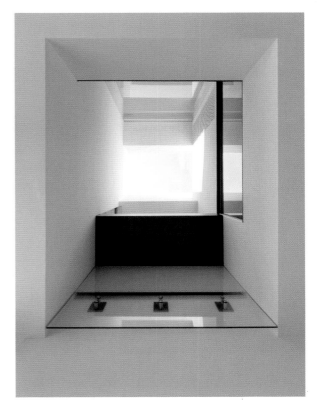

罗内特·莱利建筑事务所
西区连体别墅

纽约市，纽约州

纽约市上西区是一个充满了生气和多样性的社区，以其现在和曾经的居民而闻名。上西区西起河滨公园，东至中央公园。知名演员、大企业家，还有长期居住在这里的当地人混在一起，坐在街边的咖啡馆里喝着咖啡。居民们或散步或骑车，沿着哈德逊河，一路穿过奥姆斯特德大街上的标志性公园。

上西区拥有大量的联排式别墅住宅文化遗产。这些多层的寓所以浮华的石雕外观、巨大的门廊和豪华的双截大门为特色。大部分别墅的历史都超过了百年，需要进行修复和添加新的基础建设才能确保它们在下个百年中得以延续。这栋联体别墅的历史可以追溯到1885年。客户当初是出于其便利的地理位置和发展潜力而选择了它。这次项目设计的目的是打造一处家庭式休闲寓所，并保证社区生活和私人生活的平衡。建筑目的则是使空间更为开放，增加室内采光和空气流动，同时还要对这处建筑遗产进行保护和修复。

罗内特·莱利建筑事务所（RRA）同客户一起，基于该地的分区和建筑约束条例，开发了令人最为满意的设计方案。设计方案在整栋别墅的不同楼层分别设置了六个卧室套房。厨房、餐厅、起居室和会客厅被安置在底层，这些属于共享的公共空间。储藏室、洗衣间和酒窖则位于地下室。在一楼增加了一栋新的一居室小公寓，这是为管理员准备的。为了满足空间需要，建筑内部被完全摧毁，还在原有建筑下方挖掘了地下室。住宅地板和楼梯全部重建，还增设了一个配有便利生活设施的屋顶露台，居住者可在上面欣赏到周边建筑的屋顶景色以及城市的远景。

RRA同纽约市地标委员会密切合作，一同修复了这栋具有历史特色的住宅和它周边的一些建筑。RRA所开发的设计方案基于对大量历史照片和期刊资料的研究。住宅的新门廊和双截门是对原建筑的效仿。在住宅后面增补的地方采用了再生砖，以复制原来建筑结构的古色。装饰性的金属飞檐得到了修复，并安装了新的铸铁护栏，像是给建筑戴上了一顶王冠。建筑的后方全部打开，装配了从天花板到地面的钢框落地窗，用以吸收阳光和改善通风。建筑师还经过精心认真的考量，在设计中包含了新的空调系统、电梯和电气系统。

一座盘旋式楼梯贯穿了住宅的六层楼空间，既可以起到连接的作用，也可作为自然风和采光的来源。建筑师在住宅开口处、穹窿和房间墙脚处设计了维多利亚时代风格的木工细节，这样雅致精美的相互映衬也充分反映在了同时进行修复设计的建筑外观上。虽然RRA一直致力于设计中的传统主题，但是还是根据客户的偏好自由选择了住宅中的色彩、表面材料和固定装置。

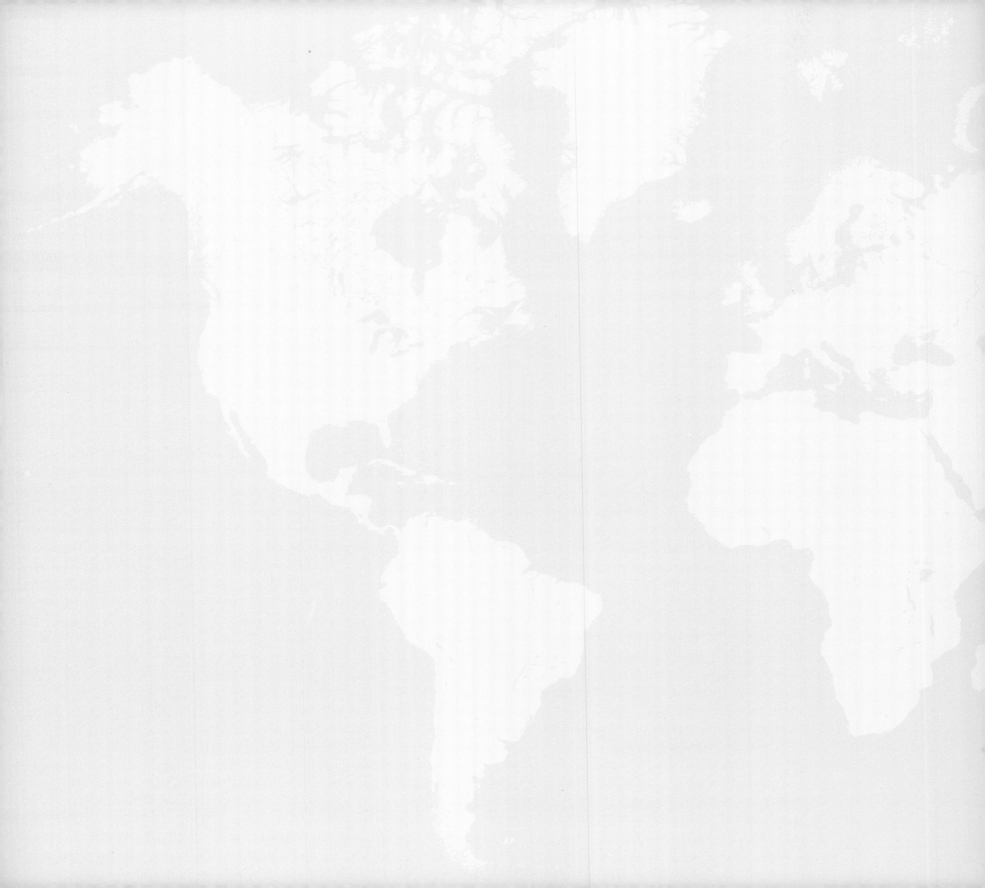

热带/亚热带气候

在该气候条件下的地区里地势低的地方炎热潮湿，而地势高的地区则凉爽干燥，但总体说来气候较为干旱，偶尔会出现持续的雨季。高温与潮湿天气持续不断，在接近赤道的地区尤甚。该地区的建筑设计需要考虑房屋的防雨及抗潮能力。

特塞拉季度联合公司
阿里尔金沙别墅群

阿里尔金沙，德文郡教区，百慕大

设计要求为一处精品殖民地度假村——阿里尔金沙开发一套独特的奢华别墅，作为整个度假胜地的总体规划阶段之一。项目的难点在于需要克服一段复杂的山坡地形，并打造一个绿树环绕、私密性好的环境，同时又要保证每套别墅都能看到海景。该别墅群的设计灵感源于拟建中的马尾藻海温泉酒店。

别墅群设计受到最早期百慕大本土建筑风格和海滨温泉生活方式的启发。建筑外观衍生于纯粹形式的阶梯形山墙、奶油状屋顶以及桶形穹隆水箱，这些在百慕大古建筑中均不乏其例。外观设计中剔除了一切装饰，简洁而有力的白色建筑体在光与影的配合下构成了具有雕塑美的独特景色。建筑师意在设计一套极具现代精神的同时又富含深刻历史借鉴的作品。

从建筑外观看，建筑体简洁有力，同样的特点在室内则表现为巨大的空间。空间顶部是装有横梁的教堂式或拱形天花板，从这里可以通往雅致的屋顶阳台和泳池别墅，还有可以欣赏海景的无边深水泳池。别墅外观具有明显的现代感和地中海风情。每栋别墅都由同样的设计元素构成，只是需要根据各自的地形特点重新配置，而且无论在哪栋别墅都可以看到一座独特的花园。花园的设计灵感来源于莎士比亚的戏剧《暴风雨》（据说莎翁的这部戏剧与百慕大有关），而"阿里尔金沙"的名字也正来源于此。

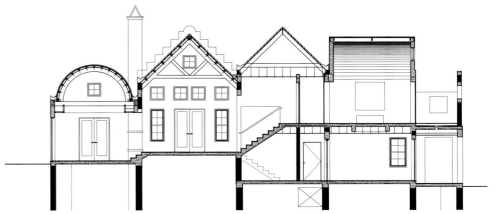

一层平面图

1　入口大门
2　前院
3　门厅
4　大厅的休息区采用横梁式穹顶天花
　　板，而餐厅与厨房区域则采用了拱形
　　天花板
5　洗衣间/食品储藏室
6　车库

7　带有竹制藤架与无边泳池的平台
8　带烧烤空间的台球室
9　带有大门和通往私家海滩小径的下沉
　　式花园
10　卧室
11　小房间/卧室
12　有顶阳台

0　　　　　10ft

阿里尔金沙，德文郡教区，百慕大　　165

弗雷德里克+弗雷德里克建筑事务所
现代"两屋一廊"

博福特郡，南加利福尼亚州

客户希望设计一套休闲寓所，使居住者能够最大限度地看到障壁岛上的海滩。建筑师采用了当地传统的全顶建筑形式，以便减少受制约的空间，同时也能打造舒适的户外生活环境。全顶式建筑，也被称为"两屋一廊"，一间屋子作卧室，另一间作厨房。而开放的中央走廊则作为主要的起居空间，受伯努利效应的影响，可以获得非常自然的降温效果。在这座两屋一廊式的住宅中，中央大厅成为了休息室和客厅。大厅前方设置了多孔墙壁和大门，后方则是折叠多孔墙体，出于安全的需要可以关闭锁紧。中央走廊东侧为主卧套房，西侧则与客厅相连。

巨大的平台中央环抱着一棵生机勃勃的橡树，四周由环形水池围绕，在入口中心位置还设有温泉，令人瞬间便体会到此地的特别之处。门廊上方安装了可伸缩的遮光板，通过调整角度可以欣赏到远处河流下游的风光。环绕着平台的木板路在很大程度上打破了住宅庭院的距离感，而且也免去了安装护栏的需要。通过对折叠墙体的使用，整套住宅实现了从室内到室外的无缝过渡。采光充足的客厅安装了可调窗户和气窗，可提供良好的对流通风。悬臂式挑檐保护着朝南的窗子，将夏至的强烈阳光遮蔽起来。

住宅的可持续发展策略还有很多，包括反射"降温屋顶"、柏木反向板和护墙板、RiverRecovered品牌柏木天花板、带有能量回收通风装置的超高效热力泵、即时热水器、三种规格的橱柜镶嵌件、低VOC涂料和地板等。在这处私人休闲寓所，年轻的家庭能够与自然的欢乐相伴，共享海洋的馈赠。

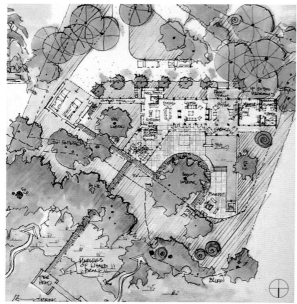

总平面图

新加坡

格兰芝路2号公馆坐落于新加坡市中心的一处陡坡上。从外观上看，住宅由两个细长方建筑体构成，不仅与地势巧妙结合，还通过精心的设计大大增加了现存的两棵参天巨木的观赏性——这两棵受保护的树木都有超过百年的历史。两座建筑体在坡顶拔地而起，在彼此的共同作用下，强化了周边环境的自然属性。

进入住宅，首先要经过一条坡度很缓的花岗岩车道，车道尽头是一道宽敞得可以用来停车的门廊。门廊上方加设了宽大的铝制框架顶棚，旁边建有一道石制景观墙，还可以看到一座由铜和玻璃构成的雕塑作品。经过景观墙，映入眼帘的是单色抛光门厅，另一座高达7米（23英尺）的铜树雕塑作品迎接所有来访的客人。在这里，多次的抛光强化了雕塑和居住者的存在感，在浓缩的背景之下使得艺术作品和周围的环境更为突出。

两座建筑体中的每个楼层都被赋予了独特的品质特征。相对比较公用的一层选用了多种纹理的浅色大理石板材，而较为私密的二层则采用了骨白色的铝板。一道玻璃衬里的走廊将两座平行建筑体尾端连接在一起，形成了一个独特的环形空间。

该设计的独特之处在于对两座悬空式长方建筑体的应用。每座建筑都能提供城市的全景风光，同时又强调了住宅本身坐落于山顶的位置特性。悬空式的住宅使得居住者可以与该地的自然景观进行更加密切的接触，而建筑的窗户正对着庭院中的参天巨木，直邀自然美景与内部空间相伴，使室内和室外建立起了充满活力的关联。这样的设计作品基本上可以说是对独特地理特质的一种回应，同时也反映了建筑师意在打造一栋能够说明空间和线条的简洁性，表达环境的需求和独特性的住宅。

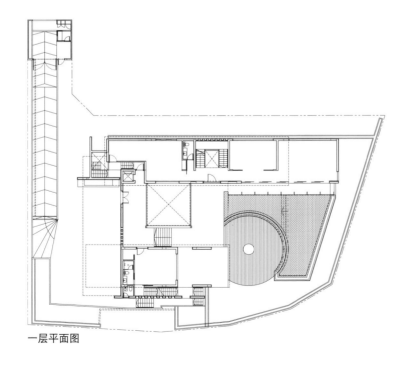

一层平面图

二层平面图

0   5ft

罗伯特·A.M.斯特恩建筑事务所

海滨宅邸

海滨镇，佛罗里达州

这套建筑面积250平方米（2,700平方英尺）的住宅位于佛罗里达州海滨镇的海岸旁，结合了经典木质细节设计——这样的设计在19世纪末20世纪初的海滨度假区曾经风靡一时。设计遇到的主要困难是要在海滨镇为土地使用制定的严格规范之内，寻找一种独特而富有个性的建筑表达方式，以适合海边生活。住宅在设计上一方面有意与海滨社区相融合，另一方面又通过对老宅内经典细节设计的重新诠释提高了未来海滨镇住宅建设的标杆。建筑师在设计中使用了错落有致的圆柱和壁柱，结合了杉木藤架和铜质屋顶，令人不禁想起20世纪20年代最有腔调的北欧建筑作品。借由这样的设计主题，这套低调的住宅建筑更加具有标志性。

佛罗里达州的海滨镇，是一座在极富影响力的新都市主义规划下发展起来的小镇。这栋坐落于此的海滨住宅作品遵守了小镇对其特殊用地的严格规范要求，但仍不失其精妙的独特性。住宅的设计将20世纪30年代瑞典古典主义风格中的端庄典雅，同19世纪和20世纪之交时期美国本土木质海滨度假村建筑的魅力融合在一起。除了在穿过花园一侧设置入口的设计，紧凑的规划设计方案充分体现了传统城市别墅的特点。

住宅的儿童卧室和客厅都位于主楼层一楼，与花园在同一层面，外面设有阳台，可以俯瞰海景。主套房占据了整层三楼，可以将整座城市和海洋的风光尽收眼底。主套房中超大尺寸的玻璃窗更是不会将海湾的壮美景色浪费分毫。客厅处的阳台还为室外聚会和用餐提供了空间。圆柱、方形壁柱、平顶横梁以及中央悬挂的灯笼都为阳台注入了经典的细节设计，同时又构建了一幅壮观的海洋景色。

建筑的正面朝西，面向小镇，通过叠柱式设计创建了一定范围的公共空间。面海的阳台在一系列希腊式圆柱的设计中显得井井有条。圆柱上采用了凹纹雕刻，其顶端一直延伸至桁架式格状屋顶，屋顶则由唯一一根爱奥尼亚式壁柱支撑，这样的设计使得建筑能够以标志性的身份独立于海滩之外。建筑底层的护墙板选用了仿制石材效果的粗琢木板，一直延伸至上层的斜面护墙板。上层护墙板顶端与板条铜质屋顶和装有装饰蓬的开放式椽檐相接。建筑设计的整体获得了质朴与高雅的完美平衡。该建筑以其瑞典古典主义"古斯塔夫"风格的配色方案为特色，明快的蓝色与黄色浓淡相宜，充满了对海洋和天空的回忆。室内装修营造了一种身处轮船的感觉，嵌入式壁龛座椅和床随处可见。家具设计灵感来源不一而足，从新希腊风格，到经典的柳木制品。带棚的阳台上安置了坐卧两用长椅，代替了传统的秋千，使其更具特色。

三层平面图

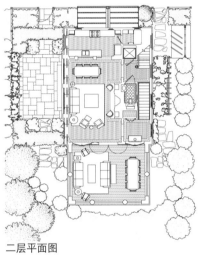

二层平面图

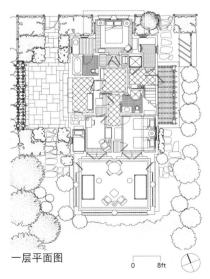

一层平面图

0   8ft

海滨镇，佛罗里达州   183

杜瓦尔·德克尔建筑工作室
橡树岭公馆

杰克逊市，密西西比州

住宅，并不只是一个地方，同时也是一个我们将自己置于众人面前和自然之中的过程。有的时候我们会在居住环境的内部寻求一种"环绕感"，这是为了获得生理和心理上的安全。有的时候我们又会寻求曝光和冒险，因为这会让我们充满活力。每个人都在这两个空间之间移动，绝不会一直保持其中一种状态。寻求"环绕感"是向居所内舒适的环境撤退；而"曝光"则是要冒险，虽然不安，但却会带着你通往无边无界的世界和创造的自由。

具有挑战性的住宅设计是一个为这些可能的体验所准备的舞台，并创造出各种机遇让我们得以在空间中移动，随着时间的流逝习惯了在空间中的生活，并以自己的方式却对这些空间进行解读。这不仅是一栋住宅，还是一个多元化的生理空间，有时舒适又充满了安全感，有时则处于冒险之中，对个人创造的自由完全开放。在这个开放、展开的过程中，平衡不可能存在，当然也无需存在。我们大家在这些体验的空间中努力成长，有时处在冒险的位置上，有时则待在相对安全的地方，当然更多时候是介于这两个位置之间。

这栋住宅坐落于一个战后社区，向后一直延伸到种植着成排橡树的坡脊——这也是该街道名字"橡树岭"的来源。建筑用地长75米（245英尺）、宽30米（100英尺），山坡到街道的垂直距离为3.7米（12英尺）。这片东西走向的土地是一块获得光照的理想之地。每一天，住宅内的环境会因为自然光的变化而显得生气勃勃，一年四季都是如此。在住宅南侧，是一条长满了繁茂树木和花卉的市中心街道。

这栋建筑面积350平方米（3,750平方英尺）的橡树岭公馆由错综复杂的建筑体、型材和空间构成。一间开放式的起居室/餐厅和细长的私人卧室侧翼相互贯通，一起构成了厨房空间。这个开放空间东侧是护墙，西侧则由一组有遮挡的玻璃窗构成，在一定程度上形成了"曝光"的环境——与其说是室内，倒不如说这个高大的空间更像是开放的庭院，其南侧和北侧的墙壁也更像是建筑的正面，而不是室内隔断结构。南侧的墙壁/正面是建筑外墙延续出来一直贯穿到起居室的部分。北侧的墙壁/正面通过山核桃木的书架和楼梯将阁楼和低层的工作室遮蔽起来。当窗帘收起、光线适合的时候，街道上的公共景观便会穿过住宅，一直进入私人庭院。在其他时候，这个空间本身也很像是私人庭院的延伸。室内和室外由玻璃墙作为区隔，一方面提供遮蔽，另一方面也可以起到镜子的作用，不断地将室内复制到室外，又将室外复制到室内。这栋住宅的空间界限是模糊而有生命的，同时也是可以流转的。这些扩张和相互渗透使得空间内的界限更加软化和柔和，不断促使室内外空间互相权衡互相跨越。

阁楼平面图

一层平面图

0　　20ft

干旱/半干旱气候

该地区的气候在经历了春夏的干热与湿热之后渐渐进入冬季或是各种过度气候状态。这种气候的特别之处在于，以雨、雪及湿气形式存在的降水持续的时间非常短暂。因此建筑师应当充分考虑如何使住宅能够适应持续日照、湿度低、缺少自然通风等气候问题。当然，对于所有的气候带来说，这样的问题都有所存在，但在干旱/半干旱地区，这些因素则居于主导地位。

圣达菲市，新墨西哥州

由于被半干旱地区所覆盖，从本质上来讲，新墨西哥州并没有属于自己的本土工业，因此经历了很长一段的经济低迷时期。一个世纪前，新上任的州长威廉·麦克唐纳德决定将新墨西哥州建立成具有独特风格的旅游胜地，这也会为本州的发展提供亟需的经济基础。为了实现这个目标，当地的建筑风格受到了严格的限制，主要以古代阿纳萨齐建筑风格为基础，例如保存至今的陶斯印第安村。特别值得一提的是圣达菲市，以其低层、平顶、泥土色系的砖制建筑而闻名于世，建筑上较常使用的突出的椽使得它们映在地上的影子独具特色。这种建筑风格的一个现代变体被称为"圣达菲风格"，现已广为人知。

"17世纪城市之光"正是对这种建筑风格的精妙解读，它间接反映了该地区的历史、文化、气候以及环境特点。这栋建筑极具特色：土色灰泥墙壁上做了最少的门窗设计，以便留出空间给两扇巨大的玻璃拉门，这样即使在室内也能欣赏城市和群山的壮观景象。从外观看，房屋举架较低，不仅与该地区的标准相符，同时也是因为受到细分契约的严格高度限制。

房屋建造在一块有坡度且地形复杂的地方，这相当具有挑战性。根据细分契约，楼面标高要与地面坡度紧密契合，从而导致在建筑过程中会产生相当多的室内水平数据。不过，设计师通过大幅度降低建筑上坡的楼面板，使得整栋房屋超过百分之八十的主层部分都保持在单一、无层的水平线上——为居住者提供了一幅舒适的"原居安老"的美好愿景。

建筑的线性双轴设计以一个巨大的石制烟囱为轴，烟囱支持着两座壁炉排烟，同时也有一定的进水作用。两扇隐蔽式无门槛玻璃拉门分别面朝东北，上部是半圆形的门户屋顶。在气候适宜的时候，拉门可以全部隐蔽起来，在室内和带屋顶的室外生活空间之间形成一个完全不间断的空间流。

在该地区的主要环境问题（高强度日照，骤发洪水，偶发林火）中，最严重的应该是储存及节约用水。为了这个目的，该建筑采用了一个17,000升（4,500加仑）的地面蓄水池，用以收集从屋顶流下来的雨水。蓄水池为自动滴灌系统提供水源，以维护耐旱植物景观。可调窗户、天窗及隔热天窗则构成了房屋独具特色的被动通风系统。

为了减少吸热，高隔热屋顶上覆盖了一层浅色抗紫外线TPO隔膜。部分屋顶安装了3.2千瓦系列太阳能光伏模块，能够满足日常生活的绝大部分电能需求。由于其细致的关注方向、材料及设备选择和能源意识的细节，该建筑被美国绿色建筑委员会授予"能源与环境设计先锋奖"银奖。

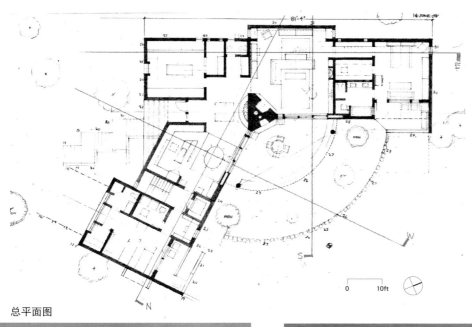

总平面图

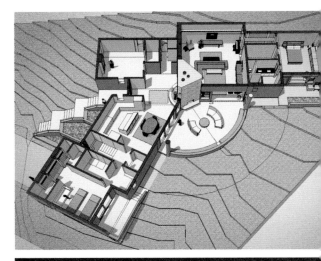

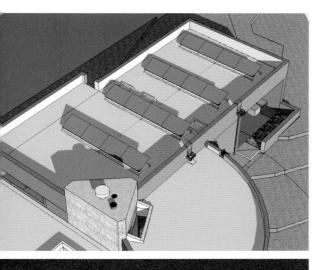

那伽建筑设计公司
古赖尔公馆

迪拜

在经历一段环形车道和弯曲的围墙之后，古赖尔公馆便会慢慢映入眼帘。占地面积1,265平方米（13,616平方英尺）的古赖尔公馆整体处于同一水平面，优雅的设计不仅为家人提供了亲密的空间，同时也能让居住者欣赏到地面美景——包括池塘、梯田以及两座巨大的立体主义雕塑，这些景物由一条两边立着巨大方柱的通道与主建筑相连。通过对天然石材的使用，公馆整体尽显温暖与奢华。

同样的主题在户外清浅明澈的池塘和花园中得到了延续。室内则通过对同种色调装饰材料的更加清晰的运用而显示出温暖的气息。

公馆内部采用了传统的空调系统，但外墙多半坚固而厚实，以便作为蓄热体减少室内吸热。此外，每间卧室都设有第二道外墙，一方面可以遮阳，另一方面也可以保护隐私。玻璃结构只在入口和庭院周围有策略地使用，可以提供被动的冷却效果，尤其在夏季。

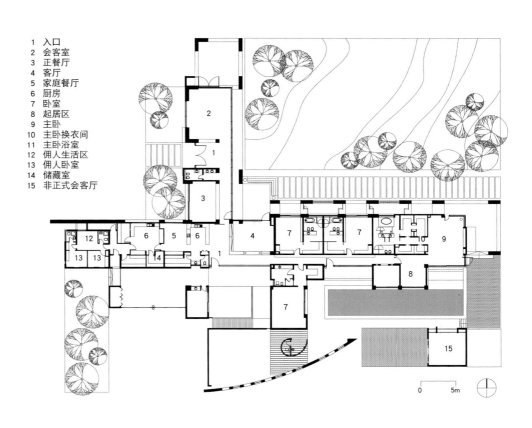

1　入口
2　会客室
3　正餐厅
4　客厅
5　家庭餐厅
6　厨房
7　卧室
8　起居区
9　主卧
10　主卧换衣间
11　主卧浴室
12　佣人生活区
13　佣人卧室
14　储藏室
15　非正式会客厅

潘塔·克萝拉达，巴哈，墨西哥

这处规模适度的度假屋完全由当地工人建造，使用的也是当地的建筑技术。伽洛洛·鲁尔度假屋只有84平方米（900平方英尺）的居住面积需要供暖和制冷。由于该地区终年气温变化不大，住宅的绝大部分空间都是半露天式设计。

建筑师通过在天井内建造淡水瀑布泳池，将整个建筑分成两个部分，一侧是单层亭阁，另一侧则是双层小楼，住宅的室外生活空间因此被包围在中央，不受恶劣天气的影响。通过这样的方式，住宅环境得到了控制，这也是其最主要的设计理念。

整栋房屋都由在建筑现场人工混合的混凝土建造，没有考虑使用任何自然资源，甚至打地基时挖出的废泥也一同混进了混凝土中，因此建筑外观显得异常粗糙。

度假屋坐落在科斯特海边的巴哈半岛上，紧邻一座小村庄。该地以原始的捕鱼比赛而驰名。

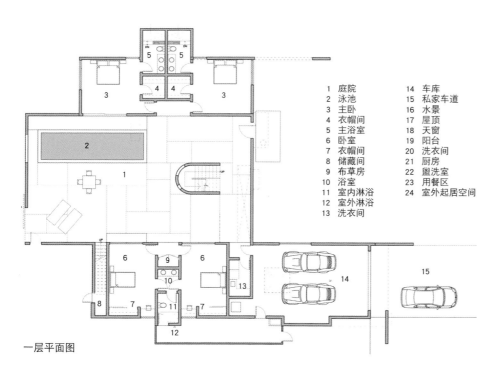

一层平面图

1 庭院	14 车库
2 泳池	15 私家车道
3 主卧	16 水景
4 衣帽间	17 屋顶
5 主浴室	18 天窗
6 卧室	19 阳台
7 衣帽间	20 洗衣间
8 储藏间	21 厨房
9 布草房	22 盥洗室
10 浴室	23 用餐区
11 室内淋浴	24 室外起居空间
12 室外淋浴	
13 洗衣间	

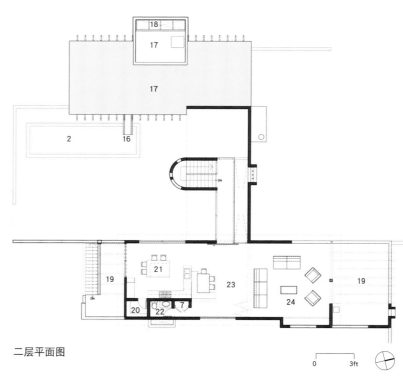

二层平面图

0 3ft

圣达菲市，新墨西哥州

房主提出了西南部当代设计的要求，与圣达菲现代设计风格相兼容的同时，还要遵守建筑细分契约。房主还希望楼层平面设计方案既能有效利用空间、有很好的功能性，又要在预算允许的范围内打造一栋对环境有积极影响的住宅。住宅恰到好处地安置在建筑用地极为平坦的部分上，距离户外地坪只有几英尺。地坪沿着住宅朝东的正面不断向前延伸。土地向下倾斜超过了百分之三十。桑格雷德克里斯托山脉在东方隐约可见。建筑的北墙有一部分被砌进坡地之中，使住宅的地台水平比山坡矮了2米（7英尺）。住宅的西侧和正面对着街道。由于建筑中没有"长走廊"结构，流动性成为了房间的一个特点。进入门厅，映入眼帘的是一道精致的壁流喷泉墙，将门厅和客厅分隔开来。走近墙跟前，会产生居高临下欣赏山景的感觉。

住宅每面墙壁的东侧都设有玻璃墙，以便充分利用室外令人叹为观止的山景。在设计中，所有的房间都被设置在一条沿着贯穿住宅南北方向的厚墙壁上。这道墙不仅可以使玻璃窗深深嵌入，同时也为一些房间、用餐区域的橱柜和制冷系统管道提供了开放式的架子。这是一栋由一道墙"支配"的建筑，是对印第安式——也可是说是新墨西哥州本地独有的圣达菲式建筑的直接复制。通过室外楼梯爬上房顶阳台，便可欣赏到夕阳西下的美景。

这栋建筑得到了住宅能耗标准43分的成绩。墙壁由"拉斯塔"材料建成。"拉斯塔"是一种由聚苯乙烯泡沫和混凝土混合制成的材料，当灌注到30厘米（12英寸）厚的时候，便可以使墙壁达到绝热等级R-40。住宅使用的所有建材都不含甲醛。辐射地热系统由垂直架设在南侧外墙上的太阳能集热器和天然气锅炉供热。建筑师在车库房顶以非常低的角度安装了光伏太阳能收集器，这样收集器便完全隐藏了起来。

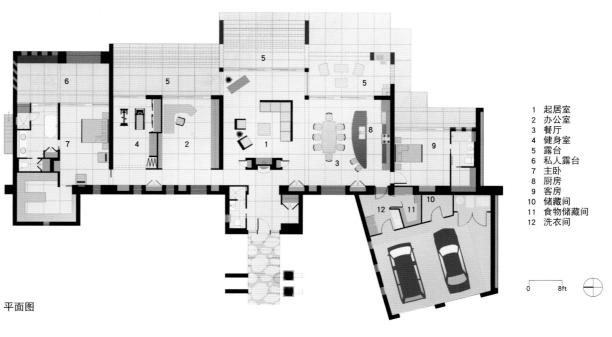

1 起居室
2 办公室
3 餐厅
4 健身室
5 露台
6 私人露台
7 主卧
8 厨房
9 客房
10 储藏间
11 食物储藏间
12 洗衣间

0   8ft

平面图

小大卫·霍维，美国建筑师协会 / 欧普蒂玛DCH环球集团有限公司
残岩小筑

斯科茨戴尔市，亚利桑那州

残岩小筑是建筑师小大卫·霍维为DCH全球集团的建筑系统所设计的样板建筑。这是一个可持续的标准建筑系统，可以在水平和垂直方向进行灵活设计，而且还可以在任何位置、气候和地形上进行快速而高效的建筑。

DCH全球建筑系统以几种组件为基础：2.15米（7英尺）的水平组件，40厘米（15英寸）的垂直组件，以及6.4米（21英尺）的结构开间。一系列连接板将"C"形梁和角钢装配起来，建立一个三维的结构网架，这样所有的标准化组件便可以促进自动化装配和精确建造。横梁、圆柱、连接板，以及薄板构件在商店里被连接组装成"装配件"，然后被运送到建筑现场进行快速、高效的建造。这个系统可以容许一个2.15米（7英尺）的地板悬架和一个4.3米（14英尺）的屋顶悬架，提供了功能性设计的灵活性和可以控制光照的巨大屋顶挑檐。所有的室外结构和建筑素材都是耐候钢材质。

残岩小筑充分体现了DCH全球建筑系统以及自然和技术的结合。这片颇具特色的土地坐落在亚利桑那州斯克茨戴尔市的索诺兰沙漠高地上，正位于通托国家森林的山麓丘陵地区，以陡峭崎岖的山涧、巨大的砾石构造和不同寻常的动植物为特色。建筑师霍维轻松地将残岩小筑安置在这片土地上，住宅的基底被提高，阳台就像浮在沙漠上方一样，与周围奇特的自然景观融合在一起。建筑外部结构使其与自然环境的联系进一步增进，住宅全部采用了低辐射抗紫外线多层玻璃窗，并覆有热反射涂层。玻璃窗的设计使室内和室外的分隔渐渐消融。住宅每个房间的自然采光都非常充足，从而减少了对电能的需求，同时还可以从设置在屋顶的25-KW光伏系统提供辅助支持。大面积的挑檐和可调节的遮阳棚不仅可以使玻璃窗在夏天的时候免受太阳炙烤，还可以像帐篷一样从色彩和纹理上成为自然风光的映射。水平方向的薄板从屋顶结构边缘垂悬下来，上面有3厘米（1.25英寸）的穿孔，随着阳光和月光角度的变化在室内外地面上形成了移动的斑驳的图案。

作为该项目的开发商、建筑师和总承建商，欧普蒂玛DCH环球集团在建筑设计、授权、施工项目管理和建设上表现出了极高的效率，而这是传统的项目交付方式无法做到的。BIM软件为该项目提供了精确地装配和施工协调、精确地报价，以及五维施工进程调度和施工管理。残岩小筑被全国公认的斯克茨戴尔市绿色建筑项目授予了最高等级的绿色建筑认证，还赢得了2013国际房地产大奖——最佳独户住宅以及2012美国建筑师协会国家住宅奖——最佳定制住宅。

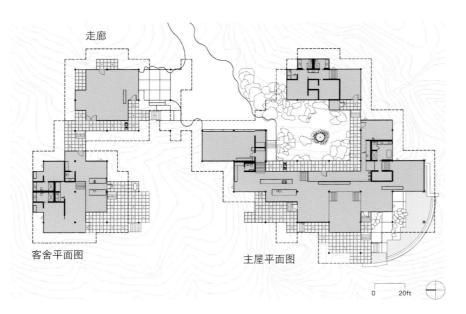

走廊

客舍平面图

主屋平面图

0 20ft

合约之美

黛博拉 M. 德伯纳德，美国建筑师协会，全美建筑注册委员会，不列颠哥伦比亚建筑学院建筑师，能源与环境设计先锋奖认证师
副主席，总经理，美国建筑师协会合同文件

很多人在开始一项建筑工程——尤其是在打造自己的住宅时，会从杂志上浏览很多漂亮图片，在网络中搜寻、甚至亲眼去看一看那些不同寻常的建成项目。但除了把这些图片和网站资料拿给建筑师看之外，在把你最初进行设计调研时的激动转变成最终的住宅之前，还需要一个必须经过许多沟通的过程。在你的项目工具箱中有一个最基本的沟通工具，也就是书面合同，这个合同将会说明项目的内容以及签订合同的双方需要承担的义务。一项2013年的调查显示，绝大部分保险专家都认为"错误传达"是导致专业责任索赔的最主要的原因。所以为了避免错误传达，就要从一份优质的书面合同开始你的项目。

合同应当包括的内容

再小的项目也可以从书面合同中受益，但是合同本身并不需要比项目要求还要冗长、复杂。每份合同都应该依照项目的特征和细节特别制定，需要包括一份详细的项目说明（面积、位置、包括限额在内的预算额度等等）、服务的范围、双方的责任条款、包括重要事件完成时间的日程计划、关于付款方式和时间的条款，以及对变更服务范围及解决纠纷过程的解释说明。另外，关于保险要求、设计文件的归属、施工现场安全及终止项目的权利等方面的问题也应当予以考虑。

无需从零开始

从一百多年前到今天，美国建筑师协会一直在为房主、建筑师和项目承建商提供合约文件，这些合约涵盖各种不同规模、不同复杂程度、不同建设交付方式（如设计—竞标—施工、设计—施工等）及不同预算额度的建筑项目。每一份合同都是精心制定，为房主、建筑师和承建商找到了各自的平衡位置。同时，签约各方也尽可以放心，每份合同的条款与该项目的其他AIA合同条款保持一致，在责任归属的问题上不会有漏洞，还包括了其他合同中常常被忽略掉的风险，而且对签约各方之间的合作也更加有益。更多合同信息可见 http:// www.aia.org/contractdocs。

合同的正确使用

对于绝大部分项目来说，在一开始，签约各方在设计和建设中会很容易达成共识。但是，当房主对设计的期望不够现实，或者在已经作出决定后房主又要进行改动时，又或者承建商交工过晚，那么签约各方便会对当前的形势以及谁来承担责任的问题上产生不同的理解。而书面合同就像是一名向导，会让签约各方明白究竟由谁来承担责任，以及如果有变动和争议各方应如何达成一致。如果没有书面合同，那么在这三个问题上就

会出现记忆的模糊点，而各方也会极力推卸责任。结果即便最后无论通过什么可行的办法解决了争议，也是白白浪费了时间，钱花得没有必要，同时还影响了心情。

当然，一份合同无法确保任何"错误传达"绝对不会出现，但是如果你能按照下面这几个步骤来做，那么通常问题会得到更好的处理：

1. 在项目中使用的各种合同（如房主与建筑师之间的合同、房主与承建商之间的合同等）要在签约各方责任上保持一致；

2. 尽量采用AIA合同文件，因为这些文件是业内的标准，不仅协调度高，也经过了时间的检验；

3. 在项目说明、对方提供的服务范围以及签约各方的职责上多花点时间和心思。

4. 充分理解合约的各个条款，如果需要的话可以寻求法律意见；

5. 在同建筑师和承建商会面的时候，将合约中的信息（如服务范围、日程计划、预算、变更程序等）当做沟通的工具，以确保大家都在遵守已经达成一致的合同条款，并早日解决问题。

结论

如果在没有签订书面合同的情况下，便开始着手进行项目工程，那么事情很可能会变得越来越糟。而那些惨痛的教训往往都是因为错误传达和一些期望偏离了现实而导致的，例如下一步应该做什么、工程要耗费多长时间以及最终要花多少钱等。与之相反，在一份专业的书面合同约束下，外形美观、结构合理的设计将会给房主带来持久的影响。采用书面合同会帮助你节省时间、金钱，也能帮你减少烦恼。

你和你的建筑师

美国建筑师协会

"建筑"并非博物馆、大公司或者有钱人的专有名词。无论你是想要重新装修厨房、打造梦想中的住宅，还是规划一栋未来的房屋，选择同AIA的建筑师合作，会让你的空间更加便利、舒适、高效、环保，从而为你节省时间和金钱。建筑师在减少整体环境影响和维持生活必须的能源方面会起到非常关键的作用。这样设计出来的住宅美观而富有特色，高效能的同时对我们的健康也有益，当然对地球也有益。了解如何与你的建筑师一起工作，将会帮助你最大限度地利用这次特别的合作机会。

入门指南

无论你是个在设计和施工方面有着丰富经验的老手，还是个第一次面对这两个问题的菜鸟，在开始与未来的建筑师面谈之前最好先问自己几个问题，这会对以后的工作有所帮助。

这时候你并不需要对这些问题作出肯定而完整的回答。相反，这些问题会确保你与建筑师的初次沟通脉络清晰而且富有成效，而且也能帮你选择出最适合你的需求的设计师。

要问自己的问题：

· 你将如何使用要进行设计的地方？对于如何将这些活动融合进空间及建筑平面中，你有什么特别的想法吗？

· 你有建造住宅的地皮吗？或者这是否也将是你要与建筑师讨论的内容之一？

· 你是否基于自己的日程及预算规划作出了决定？

· 对于这个项目，你的总体希望有哪些——美学上的、情感上的以及实用性上的？

· 重大决策由谁负责？你自己，你的家人，还是某个委员会？

· 项目运作所需的资源来自哪里？

· 你是否愿意多花一点钱安置一些系统，它们会为你节省能源或在其他方面有所节省，甚至有朝一日会为你带来投资回报？

· 你是否愿意考虑采用一些可持续性设计方式，以便减少对环境的负面影响、增进居住者的健康、打造更加舒适的生活氛围，以及提高住宅性能？

· 你有设计和施工的经验吗？如果有，你在哪些方面做得比较成功？这些经历是否有什么地方令你感到失望？

一名优秀的建筑师会细心地聆听你的回答，将你的目标和愿望实体化，同时把它们转化成一栋高效能的建筑。寻找一名好的聆听者，你就会找到一名优秀的建筑师。在面谈将来要合作的建筑师时，可以参考下面这些问题。

要问建筑师的问题

每个建筑公司都有属于自己的一套组合。这个组合中包含了技术、专业人士、兴趣以及附加在项目上的价值。你所面对的挑战就是找出与你的项目需求最接近的那一个。下面是你在同建筑师沟通时要问到的问题。

建筑师经验

· 你的设计理念是什么？

· 与同你的经验类似的建筑公司相比，你有哪些独树一帜的地方？

· 你是否有跟我的项目类型、面积差不多的设计经验？

· 是否能分享一下类似项目的作品图片，并提供一份客户评价清单？

· 我将与建筑公司的哪位建筑师定期打交道？这个人是将要为我进行项目设计的人吗？

我的项目

· 你对这个项目的兴趣是否大到可以把它作为优先项目？

· 你觉得在这个项目上会遇到哪些困难？

· 你觉得这个项目上有哪些比较重要的问题需要考虑？

· 你预计这个项目大概的时间安排如何？

· 你会通过哪些方式来收集关于我的需求、目标等方面的信息呢？

· 你将如何让我完全理解该项目的实施范围和顺序？你会使用模型、图画，还是电脑动画？

关于设计

· 在设计过程中将有哪些步骤？这些步骤是如何组织到一起的？

· 在建立优先次序和做设计决定的时候会采用什么标准？

· 你希望我提供什么帮助？

· 施工会带来多大程度的破坏？

· 在施工过程中你会起到什么样的作用？

· 我是否要直接和承建商打交道？

关于环保设计

· 在"绿色"环保或可持续性设计上你有经验吗？

· 你是否会经常在项目中增加低成本甚至无成本的可持续性设计方案？

· 鉴于很多区域都会受到可持续设计的影响，你将如何选择实施的方向？

· 如果采用了可持续设计技术，先期投入是否会影响整个施工预算？预期的投资回报时间大概要多久？

关于费用

· 收费标准如何？

· 根据预计的正式提案所提出的报价，建筑师对该项目收取多少费用？

· 在你的基本服务中都包含哪些项目，哪些服务会产生额外的费用？

· 如果项目的范围在今后发生了变化，会产生额外费用吗？如何证明这个费用的合法性？你会如何跟我沟通相关事宜？

· 在保证项目花费不超出原始预算这方面，你有什么业绩记录吗？

选择你的建筑师

每个建筑公司都有属于自己的一套组合。这个组合中包含了技术、专业人士、兴趣，以及附加在项目上的价值。你所面对的挑战就是找出与你的项目需求最接近的那一个。

一些最常被问及的问题都是关于建筑师的选择的：

我应该什么时候让建筑师介入？越早越好。建筑师会在项目的每一个方面为你提供帮助，还可能帮你考察地皮、搞定规划和分区审批，并为你提供很多其他设计前的服务。

我是否应该考察一家以上的建筑公司？通常来讲，是这样的。只有一个例外，就是你已经有了一个合作关系良好的建筑师。

我该如何联系到合适的建筑公司？你可以向那些开发过类似住宅的房主取取经，问问他们当初都面谈过哪些建筑师。如果你有自己心仪的设计方案——无论与你自己的项目是否相似——赶紧查查它们的设计师是谁。你当地的建筑师协会分部也可以帮你找出适合你的情况和预算的建筑公司，甚至还能为你提供推荐名单（www.aia.org）。

从面谈中我能实际了解哪些信息？我要如何组织面谈过程才能获得尽可能多的信息？通过和团队的主要成员沟通，你可以了解到这个建筑师团队会如何处理你的项目。回顾一下该公司设计过的和你的项目在类型和面积上类似的作品，或者产生过类似问题的作品。问清该公司如何收集信息、建立事项优先次序、做出决策，以及建筑师视哪些问题为考虑的重点。也许你还想要了解建筑师兑现其有偿服务的能力。举个例子来说，你可以询问公司是否提供职业责任保险——这个保险同医生、律师提供的责任保险类似。可以这样说，最起码你应该像选择其他任何提供专业服务的人一样认真地挑选建筑师。

为什么只有正式的面谈才会获得令人满意的结果？在面谈中，有一个问题是建筑公司宣传册上无法解决的：你和建筑公司之间的默契。

我是否应该寻找一家能够提供项目完工需要的所有服务的公司？不一定。很可能你本身就拥有相当不错的项目规划、设计和建设的专业能力，对于某些任务自己完全可以胜任。或者你会发现有必要在团队中增加几名顾问。通过和建筑师的讨论，会帮助确认由谁来协调业主提供的工作或其他服务。

什么是"绿色"建筑？我需要跟建筑师讨论这个问题吗？"绿色"或可持续设计指的是打造对环境、终端用户和居住者都有亲和力的住宅设计方案，这一理念日渐流行，也日益重要。

可持续设计的概念包括：

· 最大化挖掘建筑用地的潜力

· 减少不可再生能源的消耗

· 节约用水

· 减少浪费

· 使用亲环境产品

· 改善室内环境质量

采用可持续发展的设计策略有很多，小至使用可循环无毒材料，大至更加综合性的方案，如包含绿色屋顶、吸收太阳能的光伏电板、空气和水处理系统等。虽然许多公司通常对绿色设计并不陌生，但你还是需要多询问建筑师一些关于他们在这方面的经验等级，并验证一下他们过去做过的结合了可持续策略的设计项目。

我应该面谈多少家公司？要如何做出选择？通常来说，面谈三到五家公司就足够你了解各种可能性了，不要进行太多的面谈，否则本来就很艰难的决定会被进一步复杂化。你要公平对待每一家公司，尽量分配给他们同等的时间，去勘察建筑用地和原址上的住宅。在做决定的时候，经验、技术能力，以及可用的人力资源是最重要的衡量因素。因此，如果你要面谈的不止一家公司，那么一定要保证所需的所有信息，以确保你所获得的提案能够提供同等范围的服务，这样你才能在一致的基础上对这些公司进行评估。

项目管理 管理服务	评估与规划 服务	设计服务	投标或谈判 服务	合同管理 服务	设施管理 服务
项目管理	规划	建筑设计/文件	投标材料	提交服务/对不合格项目的驳回	维护及运作规划
管理制度协调/文件检查	职能关系/流程图	可持续性设计/文件	规范增补/回复投标人询问	实地探访	启动帮助
机构咨询/检查批准	现有设施调查	结构设计/文件	投标/谈判	全职项目现场代表	施工记录
与预算和计划相平衡的价值分析	市场分析	机械设计/文件	备用分析/替换方案	测试及检查管理	保修检查
进度安排/监督工作	经济可行性研究	电气设计/文件	特别购进	附加文件	合约后评估
预算评估与项目成本初步估算	项目融资	土建设计/文件	标书评估	询价/变更单	
项目演示说明	工地分析、选择及开发计划	景观设计/文件	合同签订	合同成本核算	
施工管理	详细的工地公共设施研究	室内设计/文件		家具及设施安装管理	
	工地及工地外公共设施研究	特殊设计/文件		解释与决策	
	环境研究及报告	材料研究及性能规范		项目结束	
	分区程序	居住人相关服务			
	协助工作				

要怎样做随访？从以往的经验来看，从过去的客户那里可以获得对该建筑公司及其设计结果的评估意见。一旦决定选择了某家建筑公司或者初步选定某几家建筑公司，应当立刻知会这些公司，以确定你们在时间的安排上是否有冲突。

我的决定应当基于哪些因素？在设计过程中，你的自信尤为重要。同样也要在设计能力、技术能力、专业服务以及成本花费中找到一个适当的平衡。

选择是一个互动过程

服务最周到的建筑师在选择客户的问题上同业主选择建筑师一样仔细。对于你的各种问题——项目的用途、预算、期限、建筑用地以及你所期望的参与项目的团队成员，他们一定会给出精心准备的答案。

同时，不要害怕坦诚以待。告诉建筑师你所了解的和期望的。如果有什么不懂的地方，就请建筑师为你做解释。一开始摊开说得越多，设计方案成功的可能性就越大。在客户和建筑师一同寻求设计方向的替代性方案的时候，设计的优先次序便会逐渐清晰，于是新的可能性也随之产生。在塑造设计方案的过程中，没有任何方法能够替代频繁的对话和询问。

建筑师将会提供的服务

作为业主，你会发现同建筑师一起检阅这份表格有助于熟悉你的项目将会涉及到的专业服务。如果有不熟悉的术语或进程，请建筑师为你解释。

商谈协议

你和建筑师之间的正式协议也是对双方在同一项目、需求和期望的共同设想的保证。在签订这份协议前，请按照下面的步骤检查一下是否有遗漏的条款。

请根据以下这些具有决定性的问题来建立项目需求：

· 要设计和建造的是什么？

· 将要（或可能要）在何处建造？

· 品质的等级如何？

· 这个项目对你的生活、你周围的人和/或你的生意中有何作用？

· 在日程安排上有哪些需求和限制？

· 项目完工的预定日期是何时？

· 预算和资金来源如何？

· 参与项目的主要团队成员都有谁？

描述项目任务并为每个人分配职责

你和建筑师应当明确管理、设计和施工任务的分工，以及需要的服务和每项任务的负责人，这对项目能否顺利完成至关重要。

确定进度计划要求

把所有的任务按照时间线排列起来，预估每项任务需要的时间，确认哪些任务如果被耽搁了就会导致项目延期完工。把时间线同预定的完工期限做对比，并做出适当调整。

重视结果

优秀的项目计划会为决策留出足够的时间。你的计划合理吗，尤其是在给出了项目需求和预算的情况下？你是否拿出了足够的时间，考虑建筑师提出的建议、获得必要的审批，并做出你自己的决定呢？

付给建筑师酬劳

建筑师得到的酬劳取决于他所提供的服务的类型和级别，而你和建筑师一起签订的正式协议便是酬劳方案的极好的基础。下面是几种比较常用的支付结构——支付酬劳的方式可以基于其中一种或几种——需要经过仔细考量才能得出对客户和建筑师都最公平的支付方式。

· 以时间为基础的支付方式

· 多重直接人员费用：倍数法发放薪水，同时根据经常性开支和利润给与福利。

· 专业服务费及其他费用：其他费用包括薪水、福利和经常性开支，专业服务费可以根据倍数法、百分比或一次性付款来支付。

· 时薪计费：包括薪水、福利、经常性开支，以及按指定相关人员的比率发放的利润。

· 指定酬劳：合同中说明的酬劳总数。

· 项目成本的百分比：经协商后，酬劳根据预估或实际项目成本的百分比来计算。

· 建筑面积：酬劳相当于每平米单价乘以建筑面积。

· 单位成本：酬劳以单位（如房间）总数来计算。

· 版税：以业主从该项目中获得的收入或利润份额来计算酬劳。

定制住宅建筑师网络（CRAN）

"定制住宅建筑师网络（CRAN）知识共同体"致力于发展定制住宅建筑设计方法的知识和信息。CRAN为专业人士提供信息，并促进知识与提升设计价值的专业经验之间的交互。

出版人的话：
出版人阿莱西娜·布鲁克斯和保罗·莱瑟姆在此感谢理查德·海耶斯博士及定制住宅建筑师网络（CRAN）为这本精美的住宅合集提供素材。

选拔委员会

戴维 S.R. 安德烈兹，全美建筑注册委员会，美国建筑师协会
安德烈兹建筑事务所

马克·戴莫里，美国建筑师协会，能源与环境设计先锋奖认证专家
戴莫里建筑事务所

路易斯·毫雷吉，美国建筑师协会
毫雷吉建筑、室内设计与施工公司

琼·莱卡姆普·拉森，美国建筑师协会
莱卡姆普·拉森建筑有限公司

安德鲁·珀斯，美国建筑师协会
珀斯建筑事务所

美国建筑师协会国家成员支持

理查德 L. 海耶斯博士，美国建筑师协会主编

布鲁斯·布兰德，定制住宅建筑网络联络员

弗吉尼亚·艾伯特，"建筑师知识资源库"主管

南希·哈德利，Assoc. 美国建筑师协会, CA, DAS, 项目管理人

安·哈里斯，项目助理

苏珊·帕里什，定制住宅建筑网络联络员

图片版权

Aaron Thomas Killen 206 211

Accent Photography 130 135

Alise O' Brien 66 71

Amir Sultan and the Architect 174 179

Anice Hoachlander 44 47

Benjamin Benschneider 14 19, 106 111, 112 117

Bill Timmerman Photography 216 221

Brian Vanden Brink 82 87, 100 105

Bruce Damonte 94 99

Courtesy of the Architect (NAGA) 200 205

Derek Skalko and Altitude Filmworks 20 23

Erik Laignel and Jacob Sadrak 88 93

Ethan Kaplan and Joe Fletcher 72 77

Evan Thomas 78 81

Frank Oudeman 154 159

Ian Macdonald-Smith and Ann Spurling 162 167

Jeff Goldberg and Halkin Mason Photography 148 153

John McManus Photographer 168 173

Jud Haggard Photography 136 141

Juergen Nogai 60 65

Ken McCown and Robert Batey 124 129

Nic LeHoux 26 31

Paul Crosby 32 37

Paul Stevenson Oles, FAIA 194 199

Peter Aaron/OTTO 180 185

Richard Mandelkorn 142 147

Steve Keating Photography 48 53

Susan Gilmore and the Architect 10 13

Timothy Hursley, Mark Howell, and Roy T. Decker 186 191

Tony Soluri Photography 54 59

Warren Jagger 38 43, 118 123

Wayne Lloyd, AIA and Kate Russell Photography 212 215

建筑事务所索引

Balance Associates, Architects 48
www.balanceassociates.com

Bohlin Cywinski Jackson 26
www.bcj.com

Charles Cunniffe Architects 20
www.cunniffe.com

Charles R. Stinson Architecture + Design 32
charlesrstinson.com

David Hovey Jr. AIA / Optima DCHGlobal Inc. 216
optimaweb.com/Homes/DCHGlobal

DeForest Architects 14
www.deforestarchitects.com

dSPACE Studio 78
www.dspacestudio.com

Duvall Decker Architects 186
www.duvalldecker.com

Eck MacNeely Architects 38
www.eckmacneely.com

Estes/Twombly Architects 118
www.estestwombly.com

FINNE Architects 106
www.finne.com

Frederick + Frederick Architects 168
www.f-farchitects.com

Gelotte Hommas Architecture 112
www.gelottehommas.com

Hutker Architects, Inc. 100
www.hutkerarchitects.com

Interface Architects 194
interface-studio.com

Jan Gleysteen Architects, Inc. 142
www.jangleysteeninc.com

Joeb Moore + Partners Architects 148
www.joebmoore.com

Joy D. Swallow, FAIA 44
www.aia.org

Lloyd & Associates Architects 212
www.lloyd-architects.com

Michael Malone Architects, Inc. 136
www.mma2000.com

NAGA 200
www.naga.ae

Neal Prince Studio 130
www.nealprincestudio.com

nonzero\architecture 60
nonzeroarch.com

Polhemus Savery DaSilva Architects Builders 82
www.psdab.com

Robert A.M. Stern Architects 180
www.ramsa.com

Ronnette Riley Architect 154
www.ronnetteriley.com

SCDA Architects 174
www.scdaarchitects.com

Stuart Cohen & Julie Hacker Architects LLC 54
www.cohen-hacker.com

Studio 9one2 Architecture 206
studio9one2.com

Studio/Durham Architects 66
www.studiodurham.com

Tea2 Architects 10
www.tea2architects.com

Terceira Quarterly Associates 162
info@tqarch.bm

Terry & Terry Architecture 72
terryandterryarchitecture.com

The University of Tennessee College of Architecture
and Design / Tricia Stuth, Robert French, and Richard
Kelso 124
archdesign.utk.edu

Uli and Associates 88
info@fractal-construction.com

WNUK SPURLOCK Architecture 94
www.wnukspurlock.com